中华人民共和国农业农村部科技专项研究报告
中国农业科学院智库报告
项目资助
中国农业科学院科技创新工程
中央级公益性科研院所基本科研业务费智库专项

2019
全球农业研究热点前沿 分析解读

孙 巍　吴 蕾　田儒雅　**主编**

U0306105

中国农业科学技术出版社

图书在版编目（CIP）数据

2019 全球农业研究热点前沿分析解读 / 孙巍，吴蕾，田儒雅主编 . —北京：中国农业科学技术出版社，2020. 9

ISBN 978-7-5116-4985-0

Ⅰ. ①2…　Ⅱ. ①孙…②吴…③田…　Ⅲ. ①农业科学-学科发展-研究报告-2019
Ⅳ. ①S-11

中国版本图书馆 CIP 数据核字（2020）第 165885 号

责任编辑　史咏竹
责任校对　李向荣

出 版 者　中国农业科学技术出版社
　　　　　北京市中关村南大街 12 号　邮编：100081
电　　话　(010)82105169(编辑室)　　(010)82109702(发行部)
　　　　　(010)82109709(读者服务部)
传　　真　(010)82106626
网　　址　http://www.CASTP.cn
经 销 者　各地新华书店
印 刷 者　北京建宏印刷有限公司
开　　本　787 mm×1 092 mm　1/16
印　　张　12
字　　数　248 千字
版　　次　2020 年 9 月第 1 版　2020 年 9 月第 1 次印刷
定　　价　69.00 元

◀━━◀ 版权所有·翻印必究 ▶━━▶

《2019 全球农业研究热点前沿分析解读》
编 委 会

组织编写　中国农业科学院科技管理局

中国农业科学院农业信息研究所

科睿唯安

主　　任　廖西元　梅旭荣　孙　坦
副 主 任　周清波　聂凤英　任天志　周国民

胡铁华　王　琳　张学福　郭　利

主　　编　孙　巍　吴　蕾　田儒雅
副 主 编　王成卓　宋红燕　李周晶
参编人员　乌吉斯古楞　　姚　茹　赵晚婷

曾海娇　李晓曼　郭晓真　张振青

程则宇　杨　宇

解读专家

基因组编辑技术及其在农作物中的应用　闫　磊　张佳慧　谢传晓　李文学

受体蛋白在植物抗病性中的作用机制　柴继杰　韩志富　王继纵

肉牛剩余采食量遗传评估及营养调控　徐凌洋　赵圣国　张路培

非洲猪瘟的流行与传播研究　张守峰　扈荣良　陈　腾

基于功能材料与生物的河湖湿地污染修复　黄丹莲　许　飘　程　敏

浆果中主要生物活性物质功能研究　金　芬　佘永新

微纳传感技术及其在农业水土和食品危害物检测中的应用　董大明　矫雷子
付兴兰

生物柴油在燃油发动机中的应用　张学敏　张　庆　谭建伟

干扰对森林生态系统的影响　陆俊锟　周　璋　陈　洁

肠道微生物群落结构对水生生物免疫系统的影响　单秀娟　金显仕　徐永江

数据支持　科睿唯安

目　　录

1 研究背景与研究方法

1.1 研究背景

　　"虽有智慧，不如乘势。"加快科技创新，建设世界科技强国，必须审时度势，面向世界科技前沿，开展前瞻性研究，加强对有望成为今后主流科技的研究和开发。习近平总书记在全国科技创新大会、两院院士大会、中国科协第九次全国代表大会上强调，要面向世界科技前沿，加快各领域科技创新，掌握全球科技竞争先机。深入地了解各学科领域的科研进展与动态，有助于领域科研工作者快速准确锁定本领域的科学命题；把握本领域的全球科技前沿布局，有助于科研管理者和政策制定者制定科学合理的决策和科技战略发展规划，以有限的资源来支持和推进科技创新。因此，洞察领域科研动向，尤其是跟踪领域热点前沿具有重大而深远的意义。

　　报告基于共被引理论来揭示和分析农业学科领域研究热点前沿。持续跟踪全球最重要的科技论文，研究分析科技论文被引用的模式和聚类，特别是成簇的高被引论文总是频繁地共同被引用的现象，当这一情形达到一定的活跃度和连贯性时，我们便可以探测到一个研究热点前沿（Research front），而这一簇高被引论文便是该研究热点前沿的"核心论文"，引用"核心论文"的论文则称作该研究热点前沿的"施引论文"。报告揭示的每个研究热点前沿均由一组核心论文和一组施引论文组成，尽管这些论文作者的背景不同或来自不同的学科领域，但这些论文可以揭示不同研究者在探究相关科学问题时产生的关联。研究者之间的相互引用可以形成知识之间和人之间的联络，我们正是通过论文引用关系这一独特的视角来揭示科学研究的发展脉络。

　　报告中的研究热点前沿既揭示了研究热点，又揭示了热点中的前沿，研究热点和热点中的前沿统称为研究热点前沿。构成研究热点的数据连续记载了分散的领域的发生、汇聚、发展（或是萎缩、消散），以及分化和自组织成更近的研究活动节点。在演进的过程中，每组核心论文的基本情况（如主要的论文、作者、研究机构等）都可以被查明和跟踪，进而深入了解热点的研究基础，通过对该研究热点的施引文献的分析，可以发现该领域的最新进展和发展方向，进而揭示研究前沿。有侧重地分析研究热点及前沿，更有利于把握当前热点研究中的前沿问题，从中发现最新关注且尚未解决的问题，为其未来发展指明方向。

中国农业科学院农业信息研究所科技情报分析与评估创新团队长期开展农业科技情报分析研究与决策支撑工作，与科睿唯安合作连续推出了《2015 农业研究前沿》《2016 农业研究前沿》《2017 全球农业研究前沿分析解读》和《2018 全球农业研究热点前沿分析解读》，引起了全球农业界的广泛关注。2019 年，该团队与科睿唯安继续合作，为了更加科学、客观地挖掘遴选农业领域研究热点前沿，研究过程中进一步扩大农业领域主题的遴选范畴，通过层层指标筛选，结合院士访谈以及定性定量分析，共遴选获得 2019 年农业 8 个学科 62 个研究热点，其中 14 个热点更具前瞻性，被确定为研究前沿。进一步结合计量指标及专家意见，从 62 个研究热点中遴选出 10 个重点热点（其中包括 6 个研究前沿）对其内容进行深入解读，并对主要 10 国的研究热点前沿表现力进行了宏观分析。

1.2　方法论

研究热点前沿（Research front）即由一组高被引的核心论文和一组共同引用核心论文的施引文献所组成的研究领域。本报告中构成研究热点前沿的核心论文均来自 Essential Science Indicators^{SM}（ESI）① 数据库中的高被引论文，即在同学科同年度中根据被引频次排在前 1% 的论文，因此对核心论文中涉及的理论、方法及技术的解读是深入了解研究热点发展态势的关键。这些有影响力的核心论文的研究机构、国家在该领域也做出了不可磨灭的贡献。同时，引用这些核心论文的施引文献可以反映出核心论文所提出的技术、数据、理论在发表之后是如何被进一步发展的，即使这些引用核心论文的施引文献本身并不是高被引论文。此外，研究热点前沿的名称则是从它的核心论文或施引文献的题名总结而来的。

研究热点前沿中的核心论文代表了该领域的奠基工作；施引文献，即它们中最新发

---

① Essential Science Indicators^{SM}（基本科学指标）是基于 Web of Science 权威数据建立的分析型数据库，能够为科技政策制定者、科研管理人员、信息分析专家和研究人员提供多角度的学术成果分析。

表的论文反映了该领域的新进展。因此，核心论文和施引文献是考察研究热点前沿重要性的两个重要依据。核心论文数（P）和 CPT 指标是重点热点或重点前沿遴选的两个代表性指标①，分别代表研究热点前沿的规模，以及研究热点前沿的热度和影响力。

（1）核心论文数（P）

ESI 数据库用共被引文献簇（核心论文）来表征研究热点前沿，并根据文献簇的元数据及其统计信息来揭示研究热点前沿的发展态势，其中核心论文数（P）总量标志着研究热点前沿的大小，文献簇的平均出版年和论文的时间分布标志着研究热点的进度。核心论文数（P）表达了研究热点前沿中知识基础的重要程度。在一定时间段内，一个热点前沿的核心论文数（P）越大，表明该热点前沿越活跃。

（2）CPT 指标

遴选重点研究热点前沿的指标 CPT（式 1-1），是施引文献量即引用核心论文的文献数量（C）除以核心论文数（P），再除以施引文献所发生的年数（T）。施引文献所发生的年数指施引文献集合中最新发表的施引文献与最早发表的施引文献的发表时间的差值。如最新发表的施引文献的发表时间为 2015 年，最早发表的施引文献的发表时间为 2010年，则该施引文献所发生的年数为 5。

$$CPT = [(C/P)/T] = C/(P \cdot T) \tag{式 1-1}$$

CPT 实际上是一个研究热点前沿的平均引文影响力和施引文献发生年数的比值，该指标越高代表该研究热点前沿越热或越具有影响力。它反映了某研究热点前沿的引文影响力的广泛性和及时性，可以用于探测研究热点前沿的突现、发展以及预测研究热点前沿下一个时间可能的发展。该指标既考虑了某研究热点前沿受到关注的程度，即有多少施引文献引用研究热点前沿中的核心论文，又反映了该研究热点前沿受关注的年代趋势，即施引文献所发生的年度。

在研究热点前沿被持续引用的前提下：当两个研究热点前沿的 P 和 T 值分别相等时，则 C 值较大的研究热点前沿的 CPT 值也随之较大，表示该研究热点前沿引文影响力较大；当两个研究热点前沿的 C 和 P 值分别相等时，则 T 值较小的研究热点前沿的 CPT 值相反会较大，表示该研究热点前沿在近期受关注度较高；当两个研究热点前沿的 C 和 T 值分别相等时，则 P 值较小的研究热点前沿的 CPT 值反而较大，表示该研究热点前沿引文影响力较大。

---

① 《2015 农业研究前沿》《2016 农业研究前沿》《2017 全球农业研究前沿分析解读》和《2018 全球农业研究热点前沿分析解读》中重点研究前沿的遴选均采用了 CPT 和核心论文数（P）两个指标。

1.3 方法及数据说明

报告研究工作主要包括两部分：一是农业研究热点前沿的遴选。主要以数据为支撑，专家咨询为指导，通过数据统计计量和专家咨询的多轮交互，实现定量分析与定性分析的深度融合，完成 2019 年 8 个学科领域农业研究热点前沿的遴选工作。二是农业研究热点前沿的分析解读。主要采用文献计量分析方法，深度揭示全球农业研究热点前沿的国家竞争态势，通过专家问卷调查和深度咨询研讨，领域专家分组协作完成农业 8 个学科领域 10 个重点热点前沿的解读工作。

本研究中，热点前沿的遴选工作基于 ESI 数据库中 2013—2018 年的核心论文数据，数据下载时间为 2019 年 3 月。为了较全面地分析揭示各热点前沿的发展态势，施引论文数据的发表年限扩展至 2019 年 10 月，数据下载时间为 2019 年 10 月。

1.3.1 农业领域研究热点前沿遴选

（1）基础数据获取与筛选

ESI 数据库囊括了自然科学与社会科学的十大高聚合学科领域（由 21 个学科领域划分而成）的研究热点前沿数据，经专家研讨与综合计量分析发现，农业领域的数据主要集中分布在"农业、植物学和动物学""数学、计算机科学与工程""生态与环境科学"及"生物科学"这 4 个学科领域中，为了快速锁定农业领域热点前沿数据，我们以这四大学科领域的研究热点前沿为起点，计量分析各学科发展特征以及学科热点前沿的数量分布情况，定量从中遴选出各学科较为活跃或发展迅速的研究热点前沿，共计 1 300 个，并以此作为本研究中农业研究热点前沿遴选的基础数据。

（2）农业学科热点前沿的初筛

为了从上述 1 300 个热点前沿基础数据中筛选出与农业各学科密切相关的研究热点及前沿，我们组建了由计量专家和农业 8 个学科领域专家组成的前沿遴选专家组，重点依据研究热点前沿的核心论文，对 1 300 个研究热点前沿进行学科标引，遴选出 8 个农业学科热点前沿，完成农业学科研究热点前沿的初筛工作。需要特别说明的是，对于那些核心论文集中包含极少数农业领域相关论文的研究热点前沿，将不作为我们的遴选对象。

经多轮领域专家咨询研讨，层层迭代筛选，最终为每个学科遴选了 8 个左右的研究热点，共遴选获得 2019 年 62 个农业研究热点，其中有 14 个热点最具前瞻性，被确定为农业研究前沿，进一步结合 P、CPT 重点前沿指标及专家意见，从中遴选出 10 个重点热点（其中包括 6 个前沿）。8 个领域的热点及前沿数量分布情况如表 1-1 所示。

表1-1 2019年农业研究前沿在8个学科中的数量分布

学 科	研究热点数（个）	包括的研究前沿数（个）
作 物	8	1
植物保护	8	2
畜牧兽医	10	2
农业资源与环境	8	1
农产品质量与加工	6	2
农业信息与农业工程	10	2
林 业	6	2
水产渔业	6	2
合 计	62	14

1.3.2 农业研究热点前沿的分析解读

本研究依次对各学科的全球农业研究热点前沿发展态势进行了总体分析，对各学科的重点热点前沿进行了详细的内容解读与分析。

（1）农业学科热点前沿概览分析

本书分别对8个学科农业研究热点前沿一一进行了概览性统计分析，用表格展示了各重点热点前沿的核心论文的数量、被引频次以及核心论文平均出版年，由于分析的核心论文数据是基于2013—2018年的论文，核心论文平均出版年份会介于2013—2018年之间。各学科研究热点前沿中施引文献（引用核心论文的论文）的年度分布用气泡图的方式展示。气泡大小表示每年施引文献的数量，大部分研究热点前沿的施引文献每年均有一定程度的增长，因此气泡图也有助于对农业研究热点前沿发展态势的理解。

（2）重点研究热点前沿解读

我们主要围绕8个学科中10个重点热点前沿领域的国内专家群体，通过多方面综合考察专家对热点前沿解读工作的胜任度，最终为每个热点前沿遴选出2~3名解读专家，组建解读小组，协作完成一个研究热点前沿的解读工作。

本着从研究热点前沿的基础和发展两个方面展开解读的思想，制定了2019农业研究热点前沿专家解读指南，通过灵活的在线会议方式向各位专家介绍热点前沿解读目标、具体内容、流程、模板及解读过程中需要注意的具体细节问题等；建立在线专家解读沟通讨论组，及时接收专家反馈并解答解读过程中遇到的问题，采用"审核—反馈—再审核—研讨"机制，最终形成10份包括各研究热点前沿概览、发展态势及应用进展分析、发展趋势预测，以及国家机构活跃状况分析等内容的解读文档。本书中，每个重点热点前沿的Top产出国家与机构文献计量分析部分，均通过两张表分别基于核心论文和施引文献对热点前沿国家、机构活跃状况进行了分析，揭示出热点前沿中贡献较大的国家和机构，探讨国家和机构在这些研究热点前沿发展中的研究布局。

1.3.3　农业研究热点前沿国家表现力分析

研究热点前沿，代表了研究领域内最重要或最新发展水平的理论或思想。在国家层面上对研究热点前沿进行分析，可以揭示其热点前沿研究的基础实力、潜在发展水平和引领地位，进而揭示其热点前沿研究的综合表现力。

研究热点前沿的核心论文来自 ESI 数据库中的高被引论文，即在同学科同年度中根据被引频次由高到低排列排在前 1% 的论文。核心论文具有较强的创新性，往往发挥着非同一般的引领作用。

从核心论文的角度来分析国家对研究热点前沿的基础表现力：用署名核心论文数份额来判断国家热点前沿基础贡献度，用署名为通讯作者的核心论文份额来判断国家热点前沿基础引领度，用署名核心论文的总被引频次份额来判断国家的热点前沿基础影响度。

引用核心论文的施引论文可以反映出核心论文所提出的技术、数据、理论在发表之后是如何被进一步发展的，即使这些引用核心论文本身并不是高被引论文。因此施引论文是对重要发现的跟踪，对热点前沿的关注和发展，同时也对热点前沿的未来发展有潜在的影响和引领作用。

从施引论文的角度分析国家的热点前沿潜在表现力：用署名施引论文数份额来判断国家热点前沿潜在贡献度，用署名通讯作者的施引论文数份额来判断国家热点前沿潜在引领度，用署名施引论文的总被引频次份额来判断国家热点前沿潜在影响度。

本书第十章提出的研究热点前沿表现力指数正是基于上述思想构建，用于从国家热点前沿贡献度、影响度和引领度三方面来重点揭示国家的热点前沿科技创新优劣势，为推动我国科技创新战略发展提供决策支撑。

1.3.3.1　研究热点前沿表现力指数

研究热点前沿表现力指数是衡量研究热点前沿活跃程度的综合评估指标。由于研究热点前沿本身是由一组高被引的核心论文和一组共同引用核心论文的施引论文组成的，因此，在研究热点前沿表现力指数的设计中，重点考虑了构成研究热点前沿的科技论文的产出规模（即国家作者署名论文量及国家通讯作者署名论文量）和影响力，并分别采用贡献度、引领度和影响度 3 个指标来表征，其底层是构成研究热点前沿的核心论文和施引论文数据。研究热点前沿表现力指数三级指标体系如图 1-1 所示。

研究热点前沿表现力指数的测度对象可以是国家、机构、团队及科学家个人等。本书重点从农业八大学科热点前沿的整体、各学科领域和特定研究热点前沿 3 个层面度量国

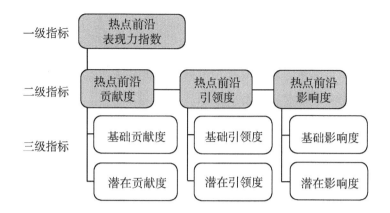

图1-1 研究热点前沿表现力指数三级指标体系

家研究热点前沿表现力，揭示各国在62个研究热点前沿3个层面的科技创新活跃程度。

1.3.3.2 国家研究热点前沿表现力指数指标体系及计算方法

（1）一级指标——国家研究热点前沿表现力指数

国家研究热点前沿表现力指数是用于衡量对研究热点前沿有贡献的国家的核心论文和施引论文的产出规模和影响力的综合评估指标，具体计算方法为：

国家研究热点前沿表现力指数＝国家贡献度＋国家引领度＋国家影响度 （式1-2）

（2）二级指标——国家贡献度、国家影响度和国家引领度

国家贡献度是一个国家对研究热点前沿贡献的论文数量的相对份额，包括国家参与发表的核心论文占热点前沿中所有核心论文的份额（国家基础贡献度），以及施引论文占热点前沿中所有施引论文的份额（国家潜在贡献度）。具体计算方法为：

国家贡献度＝国家基础贡献度（国家核心论文份额）＋国家潜在贡献度（国家施引论文份额）
（式1-3）

国家影响度是一个国家对研究热点前沿贡献的论文被引频次的相对份额，包括国家参与发表的核心论文的被引频次占热点前沿中所有核心论文被引频次的份额（国家基础影响度），以及施引论文的被引频次占热点前沿中所有施引论文被引频次的份额（国家潜在影响度）。具体计算方法为：

国家影响度＝国家基础影响度（国家核心论文被引频次份额）＋国家潜在影响度（国家施引论文被引频次份额）
（式1-4）

国家引领度是一个国家对研究热点前沿贡献的通讯作者论文数量的相对份额，包括国家以通讯作者署名的核心论文占热点前沿中所有核心论文的份额（国家基础引领度），以及以通讯作者署名的施引论文占热点前沿中所有施引论文的份额（国家潜在引领度）。

具体计算方法为:

国家引领度=国家基础引领度(国家通讯作者核心论文份额)+国家潜在引领度(国家通讯作者施引论文份额)   (式1-5)

(3)三级指标——国家基础贡献度、国家潜在贡献度、国家基础引领度、国家潜在引领度、国家基础影响度和国家潜在影响度

具体算法见式1-6至式1-11。

国家基础贡献度=国家核心论文数/热点前沿核心论文总数   (式1-6)

国家潜在贡献度=国家施引论文数/热点前沿施引论文总数   (式1-7)

国家基础影响度=国家核心论文被引频次/热点前沿核心论文总被引频次

(式1-8)

国家潜在影响度=国家施引论文被引频次/热点前沿施引论文总被引频次

(式1-9)

国家基础引领度=国家通讯作者核心论文数/热点前沿核心论文总数   (式1-10)

国家潜在引领度=国家通讯作者施引论文数/热点前沿施引论文总数   (式1-11)

1.3.3.3　研究热点前沿国家表现力指数体系分析结构

本书第十章重点从农业领域总体、学科领域研究热点前沿两个层面展开国家研究热点前沿表现力指数分析。

(1)农业领域总体分析

根据国家研究热点前沿表现力指数三级指标体系及各级指标计算方法,依次计算每个参与国家在农业8个学科领域的国家研究热点前沿表现力指数,并对各国在农业领域的国家研究热点前沿综合表现力指数进行排名和对比分析。

(2)分学科领域的研究热点前沿分析

针对每一个农业学科领域,根据国家研究热点前沿表现力指数三级指标体系及指标计算方法,依次计算出每个参与国家的学科研究热点前沿总体表现力指数,并对其进行排名;计算每个参与国家在各学科各热点前沿的表现力指数,进而重点对美国、英国、中国、法国、德国、澳大利亚、西班牙、日本、荷兰和意大利10个主要国家在各学科中的表现进行深入的比对分析,同时以附表的形式揭示了各热点前沿的国家表现力指数得分及排名情况。

2 作物学科领域

2.1 作物学科领域研究热点前沿概览

2019 年，作物学科领域 Top8 热点前沿主要集中在作物基因编辑技术、作物品质改良与调控、作物发育与抗性机制、作物表观遗传等几大方向（表 2-1）。在作物基因编辑方向，"基因组编辑技术及其在农作物中的应用"成为研究热点，相对于 2018 年，2019 年此研究方向又有了较新的技术进展，具体进展详见前沿解读内容；利用基因组测序技术对作物品质进行改良与调控的高质量研究成果数量呈现新高，"小麦基因组测序与进化分析""作物代谢组学分析研究"及"大规模重测序数据库在水稻中的应用研究"被遴选为该方向的研究热点前沿；在作物的遗传调控方向，"脱氧核糖核酸甲基化在农业中的应用"一直长期持续受到高度关注；作物发育与抗性机制方向，研究热点的应用范围在逐步扩展，显现出学科交叉性，"植物生物刺激素与作物耐受逆境胁迫的关系研究""茉莉酸在植物防御中的作用研究"及"适应全球气候变化的作物产量模型"成为该方向的主要研究热点（图 2-1）。

表 2-1　作物学科领域 Top8 研究热点及前沿

序　号	类　别	研究热点或前沿名称	核心论文（篇）	被引频次	核心论文平均出版年
1	前沿	小麦基因组测序与进化分析	6	496	2016.8
2	热点	作物代谢组学分析研究	25	1 534	2016.3
3	热点	植物生物刺激素与作物耐受逆境胁迫的关系研究	15	1 460	2015.9

（续表）

序　号	类　别	研究热点或前沿名称	核心论文（篇）	被引频次	核心论文平均出版年
4	热点	茉莉酸在植物防御中的作用研究	40	4 062	2015.8
5	热点	适应全球气候变化的作物产量模型	16	3 451	2015.2
6	重点热点	基因组编辑技术及其在农作物中的应用	47	7 534	2015.0
7	热点	大规模重测序数据库在水稻中的应用研究	6	1 241	2014.7
8	热点	脱氧核糖核酸甲基化在农业中的应用	14	2 755	2014.4

	2013年	2014年	2015年	2016年	2017年	2018年	2019年
小麦基因组测序与进化分析	0	0	0	0	44	181	136
作物代谢组学分析研究	7	15	43	115	206	355	404
植物生物刺激素与作物耐受逆境胁迫的关系研究	0	5	66	119	177	312	257
茉莉酸在植物防御中的作用研究	13	165	259	389	473	653	579
适应全球气候变化的作物产量模型	18	104	230	287	416	521	379
基因组编辑技术及其在农作物中的应用	39	101	192	384	469	512	477
大规模重测序数据库在水稻中的应用研究	24	72	118	156	189	211	207
脱氧核粮核酸甲基化在农业中的应用	45	153	185	243	287	308	233

图 2-1　作物学科领域研究热点前沿施引文献量的增长态势

2.2　重点热点——"基因组编辑技术及其在农作物中的应用"

2.2.1　"基因组编辑技术及其在农作物中的应用"研究前沿概述

随着全球气候变暖、耕地和水资源持续减少，世界粮食安全正面临巨大挑战。即使耕地面积不减少，到 2030 年粮食单产仍需提高 1/3 以上。传统育种在方法上很大程度依赖自然发生的随机突变或通过化学和物理人工诱变产生的随机突变，耗时长，效率低，成本高，仅靠传统育种技术已难以解决人口持续增长与食品供给有限的矛盾。20 世纪 80 年代后期发展起来的转基因技术通过引入外源基因改良作物品种，打破了生殖隔离的瓶颈。转基因技术在作物定向改良中发挥了重要作用。但随着全球转基因农作物的大面积商业化种植，转基因植物的安全性越来越多地受到公众关注。公众普遍关注的如外源基因随机插入可能引起的非预期效应使得转基因品种的商业化与推广受到了极大影响。基因编辑技术被誉为新一代生物技术，能够对目标基因进行定点"编辑"，实现对特定 DNA 片段的敲除、删除、插入、替换、修饰、转录活性调节与 RNA 水平检测与修改等，这些定点精准的突变与修饰技术将颠覆传统农作物育种模式，实现快速精准定向改良。因此，基因编辑技术作为前沿颠覆性技术将成为保证世界农业可持续发展和粮食安全的重要途径。

基因组编辑技术经历了从利用锌指核酸酶（ZFNs）、类转录激活因子效应物核酸酶（TALENS）进行基因编辑到目前已广泛使用成簇规律间隔短回文重复序列与 Cas 蛋白（CRISPR/Cas）进行基因组编辑的发展历程。研究人员已成功利用 CRISPR/Cas 系统对多种农作物的基因组进行了编辑。CRISPR/Cas 已广泛用于重要农作物（如水稻、小麦、玉米、大豆、油菜、棉花等）基因功能验证和重要农艺性状的遗传改良，其已成为农作物重要基因功能验证和品种遗传改良的重要工具和研究热点。但是，从文献报道看，目前绝大多数研究是对目标基因进行编辑，产生敲除突变体，而依赖于同源重组修复的基因精准插入或等位替换，由于其效率较低、技术不成熟等，成功案例较少。近年来，科研人员通过研发新型基因编辑工具，扩展了 CRISPR/Cas 系统基因组编辑的范围；通过优化基因编辑系统，提高其定点编辑和修饰效率的同时，降低脱靶的频率。此外，针对公众关注的转基因安全问题，研究人员开发了不使用外源 DNA 的基因编组编辑方法建立了快速鉴定和剔除转基因成分的基因编辑技术体系。

2.2.2 "基因组编辑技术及其在农作物中的应用"发展态势及重大进展分析

基因组编辑技术是利用序列特异性核酸酶在基因组水平上对 DNA 序列进行高效和定向修饰的遗传操作技术。应用最为广泛的基因组编辑技术主要包括 3 种：ZFNs、TALENS 和 CRISPR/Cas 基因组编辑技术，这 3 种基因组编辑技术均能对植物基因组进行精准的定点敲除、插入和替换。本前沿的核心论文主要是围绕基因组编辑技术及其在植物尤其是作物中的应用开展的研究。

2.2.2.1 基因组编辑技术的建立与发展

ZFNs 技术作为第一代基因组编辑技术，构建组装较为复杂、成本高，特异性低且脱靶频率高，未能广泛应用于作物基因组编辑。TALENS 是继 ZFNs 之后的第二代基因组编辑技术。与 ZFNs 相比，TALENS 载体的构建相对简单、成本较低，特异性更强，靶向编辑的效率更高。2013 年，丹麦奥胡斯大学利用 TALENS 技术成功编辑了大麦基因组。2014 年，中国科学院遗传与发育生物学研究所高彩霞和微生物研究所的邱金龙团队合作利用该技术靶向编辑小麦 *TaMLO* 基因，赋予了小麦对白粉病的广谱抗性。美国 Cellectis

公司研究人员通过 TALENs 技术靶向突变大豆脂肪酸脱氢酶基因 *FAD2-1A* 和 *FAD2-1B*，纯合双基因突变体的油酸含量由 20% 提升至 80%、亚油酸含量由 50% 降至 4% 以下，显著改善了大豆油的品质。

作为第三代基因组编辑技术，CRISPR/Cas 系统研究最为清楚的是 Ⅱ 型 CRISPR/Cas9 系统和 Ⅴ 型 CRISPR/Cpf1 系统。CRISPR/Cas9 系统在作物高产、优质、高抗、理想株型等农艺性状的改良方面已得到广泛应用。对控制水稻穗粒数基因 *Gn1a*、直立型密穗基因 *DEP1*、穗粒数和分蘖相关基因 *IPA1* 以及粒型和粒重相关基因 *GS3*、*GW2*、*GW5*、*TGW6* 进行定点敲除，相应突变体的产量性状指标都得到显著改善。靶向编辑水稻直链淀粉合成酶基因 *Waxy*，突变体直链淀粉含量显著下降。通过定点编辑淀粉分支酶 *SBEIIb*，成功创制了高抗性淀粉水稻。对水稻的除草剂抗性基因 *OsBEL* 进行编辑，获得的双等位基因突变植株对苯达松敏感。定点编辑稻瘟病侵染效应因子基因 *OsERF922*，可以增强水稻稻瘟病抗性。对柑橘中的易感基因 *CsLOB1* 启动子进行靶向修饰，提高了柑橘对溃疡病的抗性。在水稻杂种优势固定方面，科研人员采用两种不同手段：同时敲除胚胎发育相关基因 *BBM1*、*BBM2* 和 *BBM3*，并在 *bbm1/2/3* 三突变体的卵细胞中表达 *BBM1*；同时敲除 *PAIR1*、*REC8*、*OSD1* 和 *MTL* 四个内源基因，两种方法均成功创制了无融合生殖的杂种优势固定的材料。对玉米叶舌发育基因 *LG1* 进行靶向编辑，突变体的叶片夹角明显变小。对控制玉米株型相关基因 *ZmRAVL1* 进行敲除，创制了适用于玉米耐密高产育种的新材料。对玉米淀粉合成相关基因 *WX* 与 *SH2* 同时敲除，后代分离获得 *SH2* 与 *WX* 单基因与双基因突变株系，能够高效创制超甜玉米与糯玉米。

与 CRISPR/Cas9 相比，Cpf1 蛋白是比 Cas9 蛋白更小且更简单的核酸内切酶，是迄今为止发现的一种最简单的 CRISPR 免疫系统。不同于 Cas9 与 Cpf1 只需单个 RNA，即 crRNA（CRISPR RNA），组装更加简单；其交错切割模式可能促进利用所需的序列替换现有的 DNA 序列；它识别富含胸腺嘧啶的 DNA 序列，一次可对多种靶位点进行编辑，实现简单的基因多重编辑，同时脱靶效应较低。2016 年，日本国家农业和食品研究组织 Seiichi Toki 团队证实 FnCpf1 可对水稻和烟草进行编辑。中国农业科学院中国水稻研究所王克剑团队发现 LbCpf1 在水稻中可进行编辑，但未发现 AsCpf1 具有编辑活性。安徽农业科学院杨剑波团队利用 LbCpf1 对水稻 *OsPDS* 和 *OsBEL* 进行了编辑。2018 年，中国农业科学院作物科学研究所夏兰琴团队与美国加利福尼亚大学赵云德团队合作将 LbCpf1（RR）和 LbCpf1（RVR）变体应用于水稻基因编辑，拓展了 Cpf1 系统的编辑范围。

在作物育种改良中，基于 CRISPR/Cas 系统的单碱基编辑技术在精准高效地实现单碱基替换方面发挥了重要作用。夏兰琴、赵云德团队和朱健康团队同时率先报道了利用胞嘧啶碱基编辑器对水稻进行单碱基编辑。中国农业科学院植物保护研究所周焕斌团队成功利用腺嘌呤碱基编辑器完成对水稻多个基因的单碱基编辑。但是，单碱基编辑技术应用时通常受到目标碱基与 PAM 序列之间距离的限制。此外，在细胞 DNA 和 RNA 水平上均发现胞嘧啶碱基编辑器和腺嘌呤碱基编辑器的严重脱靶效应。因此，需要在作物中建立一种可以将任意 DNA 片段替换成为我们理想的序列的方法，以实现农作物优良等位基因的精准插入或替换。

2.2.2.2 利用 CRISPR/Cas 进行等位基因替换技术及应用

CRISPR/Cas 介导的同源定向修复（Homology directed repair，HDR）可以在 2~3 代内将优良等位基因引入商业品系，而不会引入不良基因或性状。因此借助 CRISPR/Cas 系统介导的 HDR，实现优异等位基因替换和基因定点插入，进而创制农作物新种质，是农作物育种和遗传改良的"必杀技"。

2014 年，美国明尼苏达大学 Daniel F. Voytas 团队在烟草中发现与常规农杆菌介导的 T-DNA 插入相比，基于大豆黄矮病毒（BeYDV）复制子的 HDR 策略将基因靶向频率提高了 1~2 个数量级。2015 年，美国杜邦先锋公司的研究人员利用 CRISPR/Cas9 系统成功编辑大豆的两个基因位点 $DD20$ 和 $DD43$，并在 T_1 代检测到了 $DD43$ 的 HDR 事件。该团队还使用 CRISPR/Cas9 将单链寡核苷酸（ssODNs）或双链 DNA 载体作为 DRT，将 ALS 基因的 165 位脯氨酸替换为丝氨酸来产生耐氯磺隆的玉米植株。2016 年，夏兰琴和赵云德团队利用 CRISPR/Cas9 系统将水稻 OsALS 基因编码区特定位点的碱基进行替换，改变两个重要的氨基酸（W548L 和 S627I），获得了抗除草剂的水稻。Seiichi Toki 团队通过农杆菌介导的遗传转化对水稻 OsALS 基因实现精确编辑。美国加利福尼亚大学 Greg F. W. Gocal 团队利用 ssODNs 和 CRISPR/Cas9 的组合策略精确编辑了亚麻中的 EPSPS 基因，提高了其除草剂耐受性。2017 年，先锋公司在玉米中利用 CRISPR/Cas9 系统对 ARGOS8 基因的启动子区域进行精确修饰，获得了新的抗旱玉米品种。Daniel F. Voytas 团队通过使用携带 CRISPR/Cas9 核酸酶和 DRT 的小麦矮病毒（WDV）复制子，发现 HDR 事件在内源性泛素基因座处的频率比非病毒传递方法高 12 倍，但未能获得稳定遗传的小麦编辑植株。2018 年，夏兰琴和赵云德团队在水稻中利用 HDR 介导的修复实现了将粳稻中的氮吸收相关基因 $NRT1.1B$ 替换为籼稻品种的有利等位基因以提高其氮利用速率。朱健康团队使用卵细胞和早期胚胎特异性 $DD45$ 基因启动子驱动 Cas9 表达并结合二代转化策略，提高了拟南芥中 HDR 介导的基因敲入和替换的效率。夏兰琴和赵云德团队还利用 LbCpf1 将水稻的 OsALS 基因的碱基进行替换，赋予水稻除草剂抗性。2019 年，该团队又利用 RNA 转录本作为修复模板，通过同源重组修复方式，实现了水稻 OsALS 基因的等位基因替换，首次在植物细胞中建立了 RNA 转录本作为修复模板介导的 DNA 同源重组修复体系。韩国庆尚国立大学 Jae-Yean Kim 团队利用 CRISPR/Cpf1 系统在番茄中发现多复制子系统可以有效地将 HDR 效率提高大约 3 倍，尤其是在温度较高的环境下提高更为显著。

2.2.2.3 无转基因成分的基因组编辑技术及应用

利用基因组编辑技术创制的编辑植株可以通过自交或回交的方法将后代株系中的转基因成分分离出去，最终获得不含转基因成分的基因编辑株系。为了能够尽快获得无转基因株系，科研人员开发了不引入外源 DNA 的基因组编辑方法，同时还建立起了简便、快速筛选和剔除转基因成分的基因组编辑技术。

2015 年，韩国首尔大学的 Jin-Soo Kim 团队利用纯化的 Cas9 蛋白和 gRNA 在体外组装的核糖核蛋白复合体（RNP），在拟南芥、烟草、生菜和水稻的原生质体中成功实现了目标基因的敲除，同时不引入外源 DNA。2016 年，高彩霞团队利用 RNP 的方法在小麦中成功进行了基因编辑，通过对突变体进行深度测序，未检测到脱靶的情况。杜邦先锋公司利用此技术成功创制了不含转基因成分的精准编辑 *ALS* 基因的抗除草剂玉米。韩国首尔大学的 Kanchiswamy 团队利用此技术成功编辑了葡萄和苹果的抗病基因。

浙江大学舒庆尧团队将 CRISPR 系统与一个靶标为抗除草剂基因的 RNA 干扰元件整合，通过除草剂筛选可以快速鉴定到后代的非转基因植株。美国加利福尼亚大学赵云德团队将雄性不育基因 *CMS*2 和枯草芽孢杆菌核糖核酸酶基因 *BARNASE* 引入 CRISPR 系统，并利用该体系在水稻中获得了 T_1 代基因编辑株系，均不含转基因成分。

2.2.3 "基因组编辑技术及其在农作物中的应用"发展趋势预测

基因组编辑技术作为一种新的分子育种手段，具有高效、精准、周期短、成本低的优势，在农作物遗传改良中展现出巨大的应用潜力。同时，基因组编辑技术的发展和应用也面临着一些困难和挑战，包括扩展基因组编辑范围、提高基因编辑效率、降低基因编辑脱靶频率的新型编辑工具的开发、高效同源重组介导的精准基因编辑技术的建立、不依赖于基因型的农作物基因编辑技术体系构建和农作物单倍体基因编辑育种等已成为亟待解决的重要问题。

随着基因组学、表观遗传学、系统生物学等多学科的发展，基因组编辑技术在多个领域具有十分广阔的应用前景。基因组编辑技术为农作物的驯化提供了一种新的有效手段，通过对农作物重要驯化基因进行定向编辑实现作物的重新驯化，对提高作物的环境适应性具有重要意义。基因组编辑技术也能为生物合成代谢途径的人工设计提供有力的工具，有望实现细胞代谢功能的精确调控。此外，利用基因组编辑技术可以进行表观基因调控如 DNA 甲基化或组蛋白修饰，不改变基因组序列仅通过改变表观遗传标记对作物性状进行改良。在不久的将来，基因组编辑技术的蓬勃发展和广泛应用将有助于满足日益增长的农作物改良需求，保障世界的粮食安全和农业可持续发展。

2.2.4 "基因组编辑技术及其在农作物中的应用"研究热点 Top 产出国家与机构文献计量分析

从该前沿核心论文 Top 产出国家来看（表 2-2），美国 24 篇，中国 21 篇，分别占核心论文总量的 51.06% 和 44.68%，遥遥领先于其他国家。德国 4 篇，占总量的 8.51%。从核心论文产出机构看，中国科学院产出论文 11 篇，排名第一，占比 23.40%。其次是美国明尼苏达大学，产出论文 8 篇，占比 17.02%。排名前十的机构中有 4 家来自美国，3 家来自中国，其他来自法国、德国和韩国。上述统计结果表明，在该前沿中，美国和中国及其研究机构具有较高影响力和活跃度，具有比较明显的竞争优势。

表 2-2 "基因组编辑技术及其在农作物中的应用"研究热点核心论文的 Top 产出国家和机构

排 名	国 家	核心论文（篇）	比 例（%）	排 名	机 构	核心论文（篇）	比 例（%）
1	美国	24	51.06	1	中国科学院（中国）	11	23.40
2	中国	21	44.68	2	明尼苏达大学（美国）	8	17.02
3	德国	4	8.51	3	杜邦先锋公司（美国）	4	8.51
4	韩国	3	6.38	4	Cellectis 公司（法国）	3	6.38
5	法国	2	4.26	4	爱荷华州立大学（美国）	3	6.38
5	日本	2	4.26	4	卡尔斯鲁厄理工学院（德国）	3	6.38
7	澳大利亚	1	2.13	4	普渡大学（美国）	3	6.38
7	丹麦	1	2.13	4	首尔大学（韩国）	3	6.38
7	意大利	1	2.13	4	华南农业大学（中国）	3	6.38
7	沙特阿拉伯	1	2.13	4	西南大学（中国）	3	6.38
7	西班牙	1	2.13				
7	英国	1	2.13				

注：表中的核心论文数为国家或机构所参与的核心论文数，名次并列的国家或机构，其排名不分先后。中国发表的各领域核心论文详见附录 I。

核心数据更新时间：2019 年 3 月。

本书后续章节中各热点前沿核心论文的 Top 产出国家和机构表的注释相同，不再赘述。

从后续引用该前沿核心论文的施引论文量来看（表 2-3），中国共有 812 篇，占该前沿施引论文总量的 35.24%。美国共有 773 篇，占总量的 33.55%，是排名第三的德国（204 篇）的 3 倍多，英国和日本紧随其后，均有超过 140 篇的施引论文。排名第六至第十位的国家依次是印度、澳大利亚、法国、意大利、加拿大和荷兰，其参与或主导的施引论文量分布在 60~120 篇不等。从施引论文产出机构看，排名前四位的机构均来自中国，依次是中国科学院、中国农业科学院、华中农业大学和中国农业大学，排名第五至第十位的机构中，5 家来自美国，1 家来自英国，均有超过 40 篇的施引论文产出。上述统计结果表明，该前沿研究中，中国和美国及其研究机构占据了绝对优势。

表 2-3 "基因组编辑技术及其在农作物中的应用"研究热点施引论文的 Top 产出国家和机构

排 名	国 家	核心论文（篇）	比 例（%）	排 名	机 构	核心论文（篇）	比 例（%）
1	中国	812	35.24	1	中国科学院（中国）	199	8.64
2	美国	773	33.55	2	中国农业科学院（中国）	108	4.69
3	德国	204	8.85	3	华中农业大学（中国）	88	3.82
4	英国	165	7.16	4	中国农业大学（中国）	57	2.47
5	日本	144	6.25	5	明尼苏达大学（美国）	51	2.21
6	印度	116	5.03	6	爱荷华州立大学（美国）	46	2.00
7	澳大利亚	113	4.90	6	美国农业部（美国）	46	2.00
8	法国	105	4.56	8	约翰·英纳斯中心（英国）	43	1.87
9	意大利	72	3.13	8	普渡大学（美国）	43	1.87
10	加拿大	64	2.78	10	康奈尔大学（美国）	42	1.82
10	荷兰	64	2.78				

注：表中的施引论文数为国家或机构所参与的核心论文的施引论文数，名次并列的国家或机构，其排名不分先后。

施引论文数据更新时间：2019 年 10 月。

本书后续章节中各热点前沿施引论文的 Top 产出国家和机构表的注释相同，不再赘述。

3 植物保护学科领域

3.1 植物保护学科领域研究热点前沿概览

植物保护学科领域 Top8 研究热点前沿主要集中在入侵生物防控、作物病害生物学、杂草生物学与治理以及作物生物防治等方面的研究（表 3-1）。在入侵生物防控研究方向，"昆虫嗅觉识别生化与分子机制"入选为研究前沿，"二斑叶螨抑制植物抗性机制"和"斑翅果蝇种群动态及生物防治因子挖掘"入选为研究热点；"丝状病原菌效应蛋白调控的植物抗病性机制"则入选为作物病害生物学方向研究热点；杂草生物学与治理方向一直是多年来植保领域的研究重点，继 2018 年，"农田杂草抗药机制研究"被遴选为研究热点后，2019 年，"杂草对草甘膦抗性的分子机制"再次入选为该方向研究热点；作物生物防治方向的研究热点前沿包括"新烟碱类农药对非靶标生物的影响"和"次生代谢物调控的植物获得性系统抗性机制"研究热点，以及"受体蛋白在植物抗病性中的作用机制"研究前沿。

表 3-1　植物保护学科领域 Top8 研究热点及前沿

序　号	类　别	研究热点或前沿名称	核心论文（篇）	被引频次	核心论文平均出版年
1	热点	次生代谢物调控的植物获得性系统抗性机制	6	234	2017.5
2	热点	丝状病原菌效应蛋白调控的植物抗病性机制	6	510	2016.2
3	前沿	昆虫嗅觉识别生化与分子机制	7	857	2016.0
4	热点	二斑叶螨抑制植物抗性机制	9	591	2015.8
5	热点	斑翅果蝇种群动态及生物防治因子挖掘	28	2 150	2015.6

（续表）

序 号	类 别	研究热点或前沿名称	核心论文（篇）	被引频次	核心论文平均出版年
6	热点	杂草对草甘膦抗性的分子机制	17	1 599	2015.5
7	热点	新烟碱类农药对非靶标生物的影响	42	6 575	2015.1
8	重点前沿	受体蛋白在植物抗病性中的作用机制	7	671	2014.3

从热点前沿施引文献发文量变化趋势看（图3-1），以上各热点前沿关注度基本上呈现逐年上升的趋势，其中"新烟碱类农药对非靶标生物的影响"研究热点受到的关注度最高，且逐年涨幅较明显，而"受体蛋白在植物抗病性中的作用机制"研究前沿关注度逐年看涨的趋势不明显，且有所回落。

	2013年	2014年	2015年	2016年	2017年	2018年	2019年
次生代谢物调控的植物获得性系统抗性机制	0	0	0	11	12	56	79
丝状病原菌效应蛋白调控的植物抗病性机制	0	0	15	71	86	138	81
昆虫嗅觉识别生化与分子机制	28	69	88	110	117	156	94
二斑叶螨抑制植物抗性机制	8	18	35	58	80	116	92
斑翅果蝇种群动态及生物防治因子挖掘	5	20	49	88	123	156	133
杂草对草甘膦抗性的分子机制	4	34	77	105	228	315	268
新烟碱类农药对非靶标生物的影响	13	82	278	416	328	737	604
受体蛋白在植物抗病性中的作用机制	3	42	35	79	62	75	61

图 3-1　植物保护学科领域研究热点前沿施引文献量的增长态势

3.2　重点前沿——"受体蛋白在植物抗病性中的作用机制"

3.2.1　"受体蛋白在植物抗病性中的作用机制"概述

作为高等植物细胞表面最主要的一类受体，受体蛋白家族在植物生长发育、抗逆、抗病以及与微生物共生中起着关键作用。受体蛋白（Receptor-like proteins，RLP）通过结合植物内源信号分子，协调细胞间的分化、控制生长发育；通过识别环境中病原微生物来源的信号分子，激活植物的天然免疫；通过感受共生微生物的特异信号分子，控制组织发育、建立与这些微生物的共生关系。植物受体蛋白包含着共同的结构模块：包括 N 端的信号肽、胞外结构域［主要是由多个亮氨酸丰富基序（Leucine - rich repeat，LRR）形成的超螺旋状结构，但是也包括其他结构域，如 LysM 等］、近膜区、单次跨膜螺旋区以及较短的细胞内肽段。LRR 胞外结构域可以进一步细分为 N 端帽子结构域、N 端 LRR 区、岛区、N 端 LRR 区和 C 端帽子结构域等，岛区一般位于倒数第四个 LRR 基序处是这一类受体蛋白最显著的特征。基因组测序结合生物信息学分析揭示拟南芥含有约 57 个 RLP，在水稻中至少确定含有 90 个，而在番茄中则多达 176 个。遗传学数据表明大部分的受体蛋白参与烟草、番茄、大豆等植物对真菌、细菌及寄生植物的免疫防御反应。

与植物抗病蛋白［Nucleotide-binding and leucine-rich repeat（LRR）receptors，NLR］主要引起病原小种特异的免疫反应不同，植物受体蛋白介导的免疫反应一般具有广谱性的特点，其在许多导致重要粮食及蔬菜疾病的抗病中具有重要作用。例如，最近由荷兰瓦赫宁根大学植物育种学 Vivianne G. A. A. Vleeshouwers 教授发现的受体（Elicitin response，ELR）对引起苏格兰大饥荒的土豆疫霉疾病等具有广谱的抗性。由于对农业的重要影响，寻找病原菌致病效应蛋白及相对应的受体蛋白及其作用机理是当前研究前沿。针对一些重要效应蛋白的受体蛋白相继被发现。在机理方面，人们发现受体激酶 SOBIR1 与许多受体蛋白形成构成性复合物，大量研究也表明这个受体的活化还需要另一个受体激酶 BAK1 的参与。这些发现与经典的受体激酶的同源或异源二聚化活化模式相一致，极大地丰富了植物受体蛋白的配体识别、活化及信号转导机制。同时，这些发现也为通过在不同物种中转移受体蛋白提高易感植物的抗病性奠定了基础。

3.2.2 "受体蛋白在植物抗病性中的作用机制" 发展态势及重大进展分析

20 世纪 40 年代，Flor 根据植物抗病特点提出了"Gene for gene"（基因对基因）模型，这一模型暗示相应的效应蛋白应该有对应的特异性的受体。在这一模型的指导下，荷兰瓦赫宁根农业大学植物病理系的 Pierre J. G. M. De Wit 教授 1991 年克隆了第一个真菌的无毒效应蛋白 Avr9，并对其致病机理进行了研究，但是对其相应植物受体的寻找一直不顺利。直到 1994 年，英国约翰英纳斯中心塞恩斯伯里实验室的 Jonathan D. G. Jones 教授利用转座子标签技术在番茄中发现，受体蛋白 Cf-9 通过识别叶霉菌 Avr9 参与植物的抗病反应，第一次表明了植物受体蛋白在植物抗病中的重要作用。从那以后，人们相继在更多模式植物，如大豆、水稻、烟草和拟南芥等中发现受体蛋白参与植物的免疫反应。近年来，受体蛋白在植物抗病育种中显示出相对于经典抗病 NLR 蛋白广谱的特点，遂逐渐成为农作物育种研究的前沿，2013—2019 年发表核心文献 7 篇，截至 2019 年这些核心论文被引频次累计高达 671 次，7 篇核心文献中有 4 篇涉及新的受体蛋白或效应蛋白的寻找，表明受体蛋白或配体的寻找仍是该领域的重点及前沿，这些也将为抗病育种提供基础材料。同时，从 2013 年发现 SOBIR1 是受体蛋白的核心组分后，其他 5 篇核心文献都发现 SOBIR1 参与相关受体蛋白的免疫功能，暗示这一个受体激酶是受体蛋白参与的信号通路的核心成分。同时在这些核心文献中，BAK1 受体激酶是另一个在所有受体蛋白中起重要作用的成分。一篇核心文献涉及 BAK1 受体激酶介导的内吞过程在受体蛋白活化中的作用。上述核心文献的近 5 年施引论文共有 359 篇，主要包括受体蛋白和植物受体激酶在内的植物模式识别受体在不同物种中的抗病作用，以及受体蛋白的下游信号通路及与其他抗病通路的相互作用。

3.2.2.1 寻找重要病原菌效应蛋白的植物受体蛋白

土豆晚疫病是一种严重影响土豆产量的疾病，晚疫卵菌也是历史上造成英格兰大饥荒的原因。早期发现的大部分 NLR 抗病基因在农业生产实践中易于失去抗性，寻找对晚疫卵菌具有广谱抗性的品种是土豆育种的重要目标。晚疫卵菌的诱发子 INF1 是在所有菌株中保守的可以引起广谱免疫反应的模式识别分子，寻找土豆植株体内的相应受体可能为提供广谱抗性的培育株提供材料。荷兰瓦赫宁根大学植物育种学系的 Vivianne G. A. A. Vleeshouwers 教授首先构建了可以表达分泌性诱发子 INF1 的感染体系，通过对不同的茄科种质资源进行了细胞死亡表型的筛选，发现 *Solanum microdontum genotype mcd*360-1 可以引起明显的死亡表型，暗示其可能含有识别诱发子 INF1 的抗病基因。利用经典遗传学筛选技术作图到两个候选基因。通过构建体内转基因，确定了 *RLP85* 是所寻找的基因，命名为 ELR（Elicitin response）。随后的体内实验发现转 ELR 基因植物对较广的含 INF1 的晚疫卵菌都具有抗性，实验也表明 BAK1/SERK3 是 ELR 发挥抗病作用必需的。

坏死和乙烯诱导蛋白 NLPs（Necrosis and ethylene-inducing peptide 1-like proteins）是在病原细菌、真菌及卵菌中都非常保守的致病蛋白，先前的研究表明其可能作为一种非常保守的微生物模式相关分子在广泛的植物中引起免疫反应，但是能够对其识别的受体还没有发现。德国蒂宾根大学植物分子生物学中心的 Thorsten Nürnberger 教授通过检测 nlp20（来源于 NLPs 的 20 个氨基酸的保守多肽）对不同拟南芥受体激酶和受体蛋白突变体收集库的乙烯诱导反应，发现 RLP23 对 nlp20 的乙烯诱导反应完全消失，暗示 RLP23 可能是识别 nlp20 的模式识别受体，随后的体内转基因及功能缺失实验都表明 RLP23 对于 nlp20 发挥功能是必须的。通过体内的功能实验也表明在没有施加配体时，RLP23 与 SO-BIR1 构成性在一起，当施加 nlp20 后，RLP23 与 SOBIR1 与 BAK1/SERK4 组成活化的受体复合物发挥功能。通过与清华大学生命学院的柴继杰教授合作，发现昆虫表达的 RLP23 胞外结构域可以与 GST 融合的 nlp20 相互作用，并且仅仅在结合配体后，BAK1 蛋白的胞外区才可以与受体配体形成复合物，这也是在体外生化上第一次组装出活化的受体蛋白复合物。拟南芥的 RLP23 在土豆中表达使相应的土豆植株对广谱的晚疫卵菌都具有很好的抗性，这也为跨物种培育抗性植物提供了基础。

灰霉菌是一种重要的植物病原真菌，它的致病因子主要是多聚半乳糖醛酸酶。荷兰瓦赫宁根大学植物病理学系的 Jan A. L. van Kan 教授首先用纯化的蛋白评价 47 个不同生态型的拟南芥叶子死亡得分表型，通过得分获得完全不反应 *Br-0* 生态型及完全反应的植物 *Col-0* 生态型，然后通过经典的杂交遗传分析作图初步图位相应的候选基因区后，利用候选区的基因 T-DNA 插入突变株及不同敏感生态型的多态型分析最终确定 RLP42 是所需的受体基因。随后的实验表明多聚半乳糖醛酸酶的整体构象而不是其酶活性是免疫反应必需的。同时，免疫反应需要 SOBIR1 受体激酶的存在。

3.2.2.2 寻找未知病原菌效应蛋白及相关的受体蛋白

由于引起植物坏死性的病原菌可以很快导致植物组织的死亡，植物是否进化出针对性的有效防御反应还不是非常清楚，导致相关研究困难主要的方面是人们针对坏死性病原菌的致病因子不清楚。利用模式植物拟南芥存在的大量不同生态型的基因组数据，德国蒂宾根大学植物分子生物学中心的 Frédéric Brunner 教授首先对可以在模式植物拟南芥中引起坏死性的 *Sclerotinia sclerotiorum* 病原真菌的培养上清进行不同的生化方法分离，然后通过监测不同分离成分在拟南芥中诱发乙烯产生能力来判断病原菌的效应分子。通过这种方法分离到一种可以引起恒定免疫反应的蛋白质组分 SCFE1（Sclerotinia culture filtrate elicitor1），但是由于量及鉴定手段原因，并不能确切的鉴定出蛋白的编码序列。通过其他方法表明 SCFE1 仅仅含有一种模式分子而不是一种混合的模式分子，该实验室随后对 70 种不同的拟南芥生态型进行了敏感性实验，发现有 4 种生态型对 SCFE1 不敏感。随后通过敏感株与不敏感株杂交的作图方法进行了受体蛋白的定位，结合候选基因法及 T-DNA 插入突变系表明 RLP30 是相应的受体蛋白。随后的实验表明 BAK1 和 SOBIR1 受体激酶对于 RLP30 发挥免疫功能及植物的抗性表型是必需的。这一方法提示即使在效应蛋白还没有鉴定清楚的情况下，也可以进行相应的受体蛋白及通路的寻找工作，为发现更多的受体蛋白的功能提供了基础。

3.2.2.3 两种受体激酶参与植物受体的活化及免疫反应

植物受体激酶主要通过同源或异源二聚化来活化下游的信号通路。参与植物发育的受体蛋白 CLV2 需要与一个穿膜受体激酶 CRN 形成复合物才能参与 CLE 信号的传递，而参与气孔发育的受体蛋白 TMM 需要与 ER 形成复合物才能参与气孔的发育调控。所有这些现象提示，参与植物免疫的受体蛋白可能也需要通过与未知的受体激酶形成复合物来发挥作用。在这一基本理念的驱动下，荷兰瓦赫宁根大学植物病理学 Matthieu H. A. J. Joosten 教授通过构建 C 末端融合 GFP 的受体蛋白 Cf-4-eGFP，利用亲和纯化和质谱鉴定及生物信息学分析找到两个番茄 SOBIR1 和 SOBIR1-like 受体激酶作为受体蛋白的互作蛋白。SOBIR1 蛋白激酶结构域的突变及 RNAi 实验表明其激酶活性对于 Cf-4 引起的免疫反应及抗病表型是必须的，在拟南芥中的实验表明 SOBIR1 蛋白的功能在不同物种中是高度保守的，并且发现 SOBIR1 广泛参与许多受体蛋白（例如 Eix2 和 Ve1 等）的免疫功能。这一受体激酶的作用在所有的 5 篇核心论文及多篇施引论文中都达到了充分的验证，提示了这一重要发现的意义。同时 SOBIR1 基因在不同物种中的保守性暗示，可以仅仅通过在不同物种中转移特异性识别效应蛋白的受体就可以在不同物种中转移抗病性，在植物育种中具有重大的理论意义。

根据受体的最小二聚化活化模型，SOBIR1 与受体蛋白复合物仅仅提供一个激酶结构域，受体的活化还需要另一个受体激酶的参与。由于很早的遗传现象就提示 BAK1 参与受体蛋白介导的免疫反应，很合理的设想就是 BAK1 是另一个受体活化组分。英国诺维奇研究所塞恩斯伯里实验室的 Silke Robatzek 教授表明 BAK1 在效应蛋白 Avr4 作用下促进受体蛋白 Cf-4 内吞来启动植物的免疫。几乎所有的核心文献中都表明 BAK1 参与受体蛋白的活化及免疫功能，荷兰瓦赫宁根大学植物病理学 Matthieu H. A. J. Joosten 教授据此总结撰写综述 *Two for all：receptor-associated kinases SOBIR1 and BAK1*（两个为所有：受体蛋白相关的激酶 SOBIR1 和 BAK1）系统地阐述了这一思想。

3.2.3 "受体蛋白在植物抗病性中的作用机制" 发展趋势预测

随着更多植物物种基因组测序的完成，发现免疫相关受体蛋白的数目会越来越多，从核心与施引论文来看，更多与人类生活密切相关的物种新的受体蛋白及效应蛋白的鉴定仍将是未来一段时间的重点研究内容。尤其随着基因组测序技术的进步及测序价格的大幅度下降，不同物种尤其模式植物拟南芥等多种生态型的测序数据的快速积累，为利用全基因组关联分析发现受体蛋白的功能提供了巨大的机会。

作为植物细胞膜上模式受体的植物受体激酶 FLS2 的配体识别及受体活化机制的进展，以及植物细胞内识别特定效应蛋白的 NLR 抗病受体蛋白 ZAR1 的结构生物学研究进展对于相关领域有极大促进作用。目前植物受体 RLP 领域急需植物受体蛋白单独、与配体结合及与共受体复合的结构，这些结构的解析将从分子水平上促进我们对植物受体蛋白的机制理解。

由于植物受体 RLP 介导的免疫反应相对于经典的 NLR 抗病蛋白介导的小种特异性免疫具有更大的广谱性，在不同物种中转移受体 RLP 蛋白介导的免疫反应将是未来农业育种应用的一个重要方向。研究提示稼接受体激酶 EFR 的胞外区与 CF-2 的穿膜区及胞内区可以提供新的抗病特异性在农业育种上应该有极大的应用前景，将来需要探索其他人工改造识别结构域与 RLP 的融合来扩大植物保护的范围。

3.2.4 "受体蛋白在植物抗病性中的作用机制"研究前沿 Top 产出国家与机构文献计量分析

从 7 篇核心论文的 Top 产出国家来看（表 3-2），荷兰主导或参与 6 篇，占核心论文总数 85.71%，遥遥领先于其他国家。其次是英国主导或参与核心论文 4 篇，占总数的 57.14%。德国主导或参与核心论文 3 篇，占总数的 42.86%，中国参与核心论文 2 篇，占总数的 28.57%。从核心论文产出机构看，共有 11 个研究机构参与产出了核心论文。其中，4 家机构来自荷兰，3 家机构来自德国，英国和中国各有 2 家机构。荷兰瓦赫宁根大学研究中心在该领域的基础理论研究方面竞争力很强，在植物抗病领域具有传统领导地位。而英国的约翰·英纳斯中心在该领域具体应用研究方面表现突出。上述统计结果表明该前沿受关注的范围在欧洲及亚洲较广，研究中不同国家合作现象较突出，欧洲国家及其研究机构在该前沿的基础研究中极具影响力和活跃度，具有显著的竞争优势，中国的基础研究能力还较为薄弱，尚未跻身该领域研究前列。

表 3-2　"受体蛋白在植物抗病性中的作用机制"研究前沿核心论文的 Top 产出国家和机构

排　名	国　家	核心论文（篇）	比　例（%）	排　名	机　构	核心论文（篇）	比　例（%）
1	荷兰	6	85.71	1	瓦赫宁根大学及研究中心（荷兰）	5	71.43
2	英国	4	57.41	2	约翰·英纳斯中心（英国）	4	57.14
3	德国	3	42.86	3	荷兰植物基因组学研究中心（荷兰）	3	42.86
4	中国	2	28.57	4	蒂宾根大学（德国）	2	28.57
				4	乌德勒支大学（荷兰）	2	28.57
				6	华中农业大学（中国）	1	14.29
				6	亚琛工业大学（德国）	1	14.29
				6	清华大学（中国）	1	14.29
				6	阿姆斯特丹大学（荷兰）	1	14.29
				6	伍斯特大学（英国）	1	14.29
				6	伍兹堡大学（德国）	1	14.29

从后续引用该前沿核心论文的施引论文量来看（表 3-3），中国共有 117 篇，占该前沿施引论文总量的 32.59%，领先于其他国家。排名第二位的美国的施引论文量为 78 篇。

英国、德国和荷兰大约 50 篇左右的施引论文，构成该前沿的第二梯队。加拿大、法国、日本、西班牙和澳大利亚等施引论文数在 20 篇左右，构成该前沿的第三梯队。在施引论文量排名前十的机构中，荷兰瓦赫宁根大学及研究中心以 36 篇位列第一位，占该前沿施引论文总量的 10.03%，英国的约翰·英纳斯中心以 28 篇位列第二，占该施引论文总量的 7.80%。德国的蒂宾根大学以 24 篇位列第三。值得一提的是，排名前十的研究机构中，荷兰有两家机构入选，英国、美国和德国各有 1 家机构入选，中国则有 5 家科研机构入选，分别是中国科学院、华中农业大学、中国农业科学院、南京农业大学和西北农林科技大学。这些大学是中国农业科学研究最好的机构，也与我国比较重视农业科学研究及最近几年国家加大对科研的投入相关。

表 3-3 "受体蛋白在植物抗病性中的作用机制"研究前沿施引论文 Top 产出国家与机构文献计量分析

排　名	国　家	施引论文（篇）	比　例（%）	排　名	机　构	施引论文（篇）	比　例（%）
1	中国	117	32.59	1	瓦赫宁根大学及研究中心（荷兰）	36	10.03
2	美国	78	21.73	2	约翰·英纳斯中心（英国）	28	7.80
3	英国	58	16.16	3	蒂宾根大学（德国）	24	6.69
4	德国	57	15.88	4	中国科学院（中国）	22	6.13
5	荷兰	49	13.65	5	华中农业大学（中国）	14	3.90
6	加拿大	28	7.80	6	德州农工大学（美国）	13	3.62
7	法国	23	6.41	7	中国农业科学院（中国）	12	3.34
8	日本	20	5.57	8	南京农业大学（中国）	9	2.51
9	西班牙	17	4.74	8	西北农林科技大学（中国）	9	2.51
10	澳大利亚	15	4.18	8	乌德勒支大学（荷兰）	9	2.51

4 畜牧兽医学科领域

4.1 畜牧兽医学科领域研究热点前沿概览

畜牧兽医学科领域 Top10 研究热点前沿主要集中于动物营养及其经济性状、动物疫病防控和动物药理 3 个研究群（表 4-1）。其中，动物营养及其经济性状研究方向共入选 4 个研究热点，分别是"肉牛剩余采食量遗传评估及营养调控""奶牛营养平衡技术""畜禽蛋白质氨基酸营养功能研究"和"高品质鸡肉生产技术"研究热点；动物疫病防控方向研究热点前沿包括"猪圆环病毒 3 型的流行病学研究"研究热点、"H7N9 亚型高致病性禽流感病毒流行病学、进化及致病机理"研究前沿、"非洲猪瘟的流行病学与传播研究"研究前沿和"猪流行性腹泻病毒流行病学、遗传进化及致病机理"研究热点，其中，"猪流行性腹泻病毒流行病学、遗传进化及致病机理"和"H7N9 亚型高致病性禽流感病毒流行病学、进化及致病机理"继 2018 年入选为研究热点前沿后，再一次被入选；动物药理方面，入选了"抗菌肽的作用机理及其在动物临床中的应用研究"和"抗生素在动物中的应用及其耐药性" 2 个研究热点。动物基因组编辑技术方向没有入选的研究热点前沿。

表 4-1　畜牧兽医学科领域 Top8 研究热点及前沿

序　号	类　别	研究热点或前沿名称	核心论文（篇）	被引频次	核心论文平均出版年
1	热点	猪圆环病毒 3 型的流行病学研究	15	741	2017.5
2	前沿	H7N9 亚型高致病性禽流感病毒流行病学、进化及致病机理	6	379	2017.0

（续表）

序 号	类 别	研究热点或前沿名称	核心论文（篇）	被引频次	核心论文平均出版年
3	重点热点	肉牛剩余采食量遗传评估及营养调控	24	379	2016.6
4	重点前沿	非洲猪瘟的流行与传播研究	6	248	2016.0
5	热点	高品质鸡肉生产技术	6	393	2015.8
6	热点	抗菌肽的作用机理及其在动物临床中的应用研究	8	1 184	2015.8
7	热点	奶牛营养平衡技术	9	512	2015.7
8	热点	抗生素在动物中的应用及其耐药性	9	1 867	2014.8
9	热点	猪流行性腹泻病毒流行病学、遗传进化及致病机理	10	1 362	2014.4
10	热点	畜禽蛋白质氨基酸营养功能研究	6	916	2013.7

从热点前沿施引文献发文量变化趋势看（图4-1），上述热点前沿中，"肉牛剩余采食量遗传评估及营养调控"研究热点近期受到的关注度较高，而本年度入选为动物药理方向的研究热点前沿均呈现高关注且逐年看涨的趋势。

	2013年	2014年	2015年	2016年	2017年	2018年	2019年
猪圆环病毒3型的流行病学研究	0	0	0	0	19	69	66
H7N9亚型高致病性禽流感病毒流行病学、进化及致病机理	0	0	0	0	37	126	93
肉牛剩余采食量遗传评估及营养调控	2	27	36	41	45	67	53
非洲猪瘟的流行与传播研究	0	0	8	21	39	44	73
高品质鸡肉生产技术	0	2	12	19	42	61	57
抗菌肽的作用机理及其在动物临床中的应用研究	0	14	58	103	191	292	281
奶牛营养平衡技术	1	22	41	69	75	108	75
抗生素在动物中的应用及其耐药性	0	23	91	224	315	418	394
猪流行性腹泻病毒流行病学、遗传进化及致病机理	1	38	80	138	113	126	105
畜禽蛋白质氨基酸营养功能研究	17	48	87	104	125	130	125

图4-1 畜牧兽医学科领域研究热点前沿施引文献量的增长态势

4.2 重点热点——"肉牛剩余采食量遗传评估及营养调控"

4.2.1 "肉牛剩余采食量遗传评估及营养调控"研究热点概述

剩余采食量（Residual feed intake，RFI）是美国科学家 Koch 等（1963）提出的一种

评估畜禽饲料效率的指标。RFI 是畜禽实际采食量与用于维持和增重所需要的预测采食量之差。近年来不少研究表明利用 RFI 对肉牛进行评估和选择饲养，可以节省更多的饲料成本，进而提高肉牛养殖的经济效益。

RFI 性状受很多因素影响，如日粮因素、环境条件、健康状况、遗传因素等。对生长肉牛来说，决定 RFI 差异的因素主要与代谢产热、产甲烷、增重的成分和消化率等有关。因此，探索 RFI 与多种影响因素的关联，简化测定 RFI 的过程，降低测定成本，对提高选择低 RFI 动物的准确性，培育出饲料利用率高的家畜，促进畜牧业的快速发展有重要意义。对于有关 RFI 及其影响因素领域的深入了解，将有助于推动肉牛营养研究和产业朝着利用动物表型与基因型结合选择提高饲料效率的方向发展。通过对剩余采食量的计算方法、影响因素及其在肉牛生产上的应用方向等开展系统研究，选择低采食量的牛群提高饲料效率和降低饲料成本，进而提高肉牛养殖的经济效益，将对生产实践带来重要参考。

针对控制 RFI 性状遗传因素的研究正处于探索阶段，主要的研究方法是通过高低 RFI 动物的不同组织或器官 DNA 或 RNA 表达量分析，来找到差异表达的基因。这些基因主要参与线粒体能量供应、脂类代谢、抗炎症、抗氧化应激、胰岛素形成等过程。有研究者提出了一些候选基因，但大多数基因没有足够的证据证明其与 RFI 的相关性。同时，对饲粮品质和牛只生长阶段如何影响 RFI 的机理方面的知识了解的还很少。另外，在营养调控方面，关于肉牛剩余采食量与营养素代谢调控的研究，更倾向于代谢机理的研究，从表观的 RFI 与营养素的关系，到代谢通路中的特异性基因，精准的构成 RFI—营养素—基因的网络还需要进一步研究。鉴于肉牛瘤胃的特殊性，瘤胃微生物的功能研究，营养素与特异性的瘤胃微生物关联研究仍是当前的研究热点。

4.2.2 "肉牛剩余采食量遗传评估及营养调控" 发展态势及重大进展分析

肉牛剩余采食量受很多因素影响，研究热点大都围绕与多种影响因素的关联，包括有遗传参数评估，与重要性状之间的遗传相关和基因组选择预测等方面，同时，在营养调控方面主要聚焦营养素代谢调控和瘤胃发酵调控等研究方向。

4.2.2.1 肉牛剩余采食量遗传评估

自剩余采食量的概念提出以来，世界各国均以降低饲料成本，提高饲料效率为目的，对肉牛的剩余采食量进行了一系列的遗传评估。现有资料表明，在不同肉牛群体中，剩余采食量的遗传力范围为 0.14~0.68，不同国家在不同品种分别开展相关遗传估计的研究工作。加拿大等国家对海福特和安格斯肉牛的 RFI 的遗传力估计值范围为 0.14~0.44。澳大利亚和加拿大科学家分别对其各自肉牛的 RFI 遗传力进行了估计，分别为 0.40 和 0.20，对两个国家荷斯坦小母牛的估计值为 0.25，对整个混合群体的 RFI 的遗传力估计值为 0.30。美国研究人员对安格斯、海福特、小安格斯牛的 RFI 遗传力估计值分别为 0.20、0.49、0.40。巴西科学家对内洛尔牛研究发现 RFI 遗传力估计值为 0.16~0.33。日本科研人员发现日本黑牛的 RFI 遗传力估计值为 0.36~0.46。

近年来 RFI 的遗传参数估计及其与其他经济性状的遗传相关的研究也有一系列报道。剩余采食量与饲料转化率存在中等的遗传相关。同时，RFI 和采食量之间存在正遗传相关关系，表明饲料消耗更高效的牛会消耗更少的饲料。个体的剩余采食量是通过日增重和代谢体重等生产性状作为参数计算得到的，RFI 和平均日增重（Average day gain，ADG）与代谢体重之间的遗传相关均在 0.3 以下。澳大利亚相关研究表明 RFI 与生长性状的遗传相关较弱。目前关于 RFI 和肉品质性状之间遗传关系的报道非常有限。有研究报道了 RFI 与肌内脂肪含量之间的正向但微弱的遗传相关性，也有报道 RFI 与大理石花纹评分之间的负的中等的遗传相关性。

RFI 性状需要专门的人员和设备测量单个牛个体的食物摄入量和采食剩余量，因此限制了 RFI 相关研究的进行。全基因组选择技术作为现代性状遗传改良新技术，为研究 RFI 性状提供了有效方法。加拿大科学家将多个品种的肉牛混合组建参考群，分别使用 BayesB 和 rrBLUP 模型对剩余采食量、日增重等性状展开全基因组选择研究。结果显示 RFI 的基因组预测精度平均为 0.43。澳大利亚研究人员利用具有基因型和表型的混合品种肉牛群体数据，发现 RFI 的基因组预测准确性平均为 0.43。澳大利亚和新西兰的合作研究项目发现荷斯坦小母牛的 RFI 育种值估计准确性的平均值为 0.37。当前，对 RFI 性状的全基因组选择方向集中在统计预测模型，多群体联合进行全基因组选择及将 RFI 纳入综合选择指数，实现均衡育种。

4.2.2.2　肉牛剩余采食量分子遗传基础

当前测定 RFI 成本较高，且技术上也有不少困难，所以鉴定与 RFI 相关的分子标记有重要意义。研究表明，调控饲料转化效率（Feed conversion ration，FCR）性状的基因表现为多基因效应。目前已检测出多个基因多态性与饲料转化效率 FCR 有关。巴西科学家对内洛尔牛的 RFI 性状进行关联分析，发现 2 个与 RFI 相关联的单核苷酸多态性（Single nucleotide polymorphism，SNP），涉及食欲和离子转运等过程。研究还发现 *CLCN3* 基因可能是影响 RFI 的一个主要功能基因。澳大利亚科学家在多个肉牛品种研究发现能量利用相关变异在 RFI 占的比例较大，约为食欲和机体内平衡的 10 倍。加拿大研究人员研究发现在 *GHR* 基因中的 SNP 对 RFI 有显著的等位替代作用，这个 SNP 主要影响生长，除此之外还有蛋白转化、脂肪合成、脂肪酸氧化、刺激脂肪酸从体内脂肪组织中活化等功能。

爱尔兰研究人员通过全基因组关联分析发现 24 个 SNP 与 RFI、ADG、采食量（Feed intake，FI）相关。其中变异位点 *rs*43555985 与 RFI 相关性最强，并与肝脏中 *GFRA*2 基因表达相关，*GFRA*2 可影响基础代谢。加拿大科研人员在瘤胃上皮中共鉴定出 122 个差异表达基因，其中在低 RFI 中有 85 个上调，涉及乙酰化作用、黏着连接的重组、细胞骨架动力学、细胞迁移、细胞周转等功能。同时，低 RFI 个体瘤胃上皮与线粒体、乙酰化和能量生成通路相关的基因上调，这些基因主要参与了糖酵解、三羧酸循环和氧化磷酸化过程。巴西科学家研究在高低 RFI 组的基因表达差异鉴定出 73 个差异表达基因，涉及细胞色素 P450 介导的外源物质代谢、丁酸甲酯和色氨酸代谢等通路，且与低 RFI 牛相比，外源性物质和抗氧化物质的代谢基因在高 RFI 牛背最长肌组织中下调，脂肪酸氧化和酮体生成基因上调。此外，我国科学家对高低 RFI 组的中国荷斯坦牛激素调节的颈静脉血清进行基因表达谱分析发现，在低 RIF 组中有 425 个基因上调和 442 基因下调，基因本体论（Gene ontology，GO）富集分析揭示 64 个基因与激素调控相关，京都基因与基因组百科全书（Kyoto encyclopedia of genes and genomes，KEGG）富集分析涉及脂肪细胞因子信号通路和胰岛素信号通路。研究显示，与 RFI 相关的基因组变异大多涉及食欲、能量利用、蛋白周转、脂代谢及机体发育等生物学过程，在分子水平上进一步阐释了影响 RFI 的机制，也为今后在肉牛上筛选 RFI 采食量相关候选基因的重要研究思路。

4.2.2.3　肉牛剩余采食量与营养素代谢调控

影响肉牛剩余采食量的主要生理因素有 5 种：采食量、消化率、体组织代谢、活动量及体温调节，而 RFI 的表型遗传差异是这些因素共同作用的结果。其中，体组织代谢和活动量产生的热量解释了 RFI 中 73% 的遗传变异。体组织代谢研究主要包括对营养素脂肪和蛋白的代谢调控。

随着测序技术的快速发展，营养素代谢的研究更加广泛和深入。目前，RFI 的影响范围已扩展至皮下脂肪、外周脂肪、肝脏、背最长肌、血液、内分泌系统等。肝脏的转录组测序发现，影响肉牛高、低个体差异的基因 *CYP'S* 和 *GIMAP* 在免疫反应、糖代谢等具有重要作用。在内分泌系统中，RFI 还与下丘脑—垂体—肾上腺轴（Hypothalamic - pituitary-adrenal Axis，HPA）有关，高 RFI 值肉牛将部分能量相应 HPA 轴，增加对其反应的灵敏性，进而降低对饲料的利用率。RFI 值越低意味着饲料利用效率越高，表示在同等的维持需要和产肉量等生产需要的情况下，饲料消耗的最少。对于 RFI 影响因素的分析，特别是营养素代谢调控的研究，可以更加深入地了解 RFI 的代谢机理及其与基因型的关系，将有助于推动肉牛营养和产业朝着利用表型和基因型相结合的方式来提高经济效益的方向发展。

4.2.2.4 肉牛剩余采食量与瘤胃发酵调控

瘤胃是肉牛特有的消化器官，其瘤胃微生物的发酵在宿主营养物质吸收、能量供给等过程中发挥重要作用。细菌、古菌、厌氧真菌、原虫等瘤胃微生物具有高度特异性，适宜的微生物菌群组成有助于饲料消化、降解并合成菌体蛋白为肉牛提供主要的营养来源。而这些微生物群落的组成与肉牛 RFI 表型密切相关，其中，瘤胃发酵和消化过程解释了 19% 的 RFI 表型变异。利用聚合酶链式反应—变性梯度凝胶电泳（Polymerase chain reaction-denatured gradient gel electrophoresis，PCR-DGGE）技术发现高 RFI 值和低 RFI 值肉牛的瘤胃微生物菌群结构存在显著差异。结合克隆测序技术，发现高 RFI 值和低 RFI 值肉牛中含有不同的特异性的微生物。利用 454 焦磷酸测序技术发现了瘤胃优势菌属为普雷沃菌属，其在高 RFI 值肉牛中的丰度显著高于低 RFI 值肉牛，普雷沃菌丰度的不同可能在不同 RFI 值肉牛中存在遗传差异。

随着宏组学技术以及分子技术等的快速发展，瘤胃微生物的研究也朝着更加精准的方向发展。逐渐鉴定了不同的瘤胃微生物对不同的营养素的偏好性，并确定了同种菌属中不同的菌种和基因型对营养素的影响，揭示了瘤胃微生物的多样性和重要性。低 RFI 牛能够降低甲烷排放量，且在甲烷的排放过程中，瘤胃甲烷菌的优势菌属基因型的丰度在高 RFI 值肉牛中显著高于低 RFI 值肉牛。RFI 的高低影响了瘤胃微生物菌群的组成结构，以及甲烷排放等，全面了解瘤胃微生物的功能，特别是与营养素之间的关系，进而根据需要精准饲养，将有助于推动肉牛产业朝着精准调控来提高经济效益的方向发展。

4.2.3 "肉牛剩余采食量遗传评估及营养调控"发展趋势预测

剩余采食量性状受很多因素影响，如日粮因素、环境条件、健康状况、遗传因素等。因此，未来研究将继续围绕探索 RFI 与多种影响因素的关联，简化测定 RFI 性状的过程，降低测量 RFI 的成本，提高选择低 RFI 动物的准确性等方面开展。同时，探索 RFI 性状遗传因素仍然需要进一步深入研究，挖掘主效基因以及参与性状的关键组织或器官，从分子、细胞的层面探究具体的机制。从而系统阐明 RFI 分子机理，培育节能与高效利用营养物质的环保型动物群体，为节约养殖成本、环境保护和持续发展提供重要基础。

在营养调控方面，随着智能化的发展，群体的规模化管理，个体的精准饲养是养殖业发展的趋势。关于肉牛剩余采食量与营养素代谢调控的研究，更倾向于代谢机理的研究，从表观的 RFI 与营养素的关系，到代谢通路中的特异性基因，精准地构成 RFI—营养素—基因的网络。鉴于肉牛瘤胃的特殊性，瘤胃微生物的功能研究将是未来发展的重点，将营养素与特异性的瘤胃微生物关联，进一步地扩充 RFI—营养素—基因的网络，对于精准饲养以及育种具有重要的指导意义。

4.2.4　"肉牛剩余采食量遗传评估及营养调控"研究热点 Top 产出国家与机构文献计量分析

从该热点核心论文的 Top 产出国家来看（表4-2），澳大利亚共有15篇，占核心论文总量的62.50%，遥遥领先于其他国家；其次是加拿大和美国，核心论文各有3篇，各占总量的12.50%；爱尔兰贡献了2篇核心论文，占总量的8.33%；巴西、丹麦、英国、日本、荷兰及中国分别贡献了1篇核心论文，各占总论文数的4.17%。从核心论文产出机构看，排名前六的机构列表中共包含10家机构，其中9家机构来自澳大利亚，1家来自加拿大。澳大利亚新英格兰大学、阿德莱德大学分别参与了10余篇核心论文的研究，展示了这2个机构在该研究热点的科研能力和活跃度。此外，莫道克大学、南澳大利亚研究和发展研究所分别贡献了6篇核心论文，各占总论文数的25.00%；西澳洲农业与食品部贡献了5篇核心论文，占总论文数的20.83%。上述统计结果表明该热点受关注的范围较广，国家合作现象较突出，而澳大利亚及其研究机构在该热点的基础研究及应用研究中极具影响力和活跃度，具有显著的科研能力和优势。

表 4-2　"肉牛剩余采食量遗传评估及营养调控"研究热点核心论文的 Top 产出国家和机构

排　名	国　家	核心论文（篇）	比　例（%）	排　名	机　构	核心论文（篇）	比　例（%）
1	澳大利亚	15	62.50	1	新英格兰大学（澳大利亚）	11	45.83
2	加拿大	3	12.50	2	阿德莱德大学（澳大利亚）	10	41.67
2	美国	3	12.50	3	莫道克大学（澳大利亚）	6	25.00
4	爱尔兰	2	8.33	3	南澳大利亚研发中心（澳大利亚）	6	25.00
5	巴西	1	4.17	5	西澳洲农业与食品部（澳大利亚）	5	20.83
5	丹麦	1	4.17	6	澳大利亚安格斯协会（澳大利亚）	3	12.50
5	英国	1	4.17	6	澳大利亚新南威尔士州第一产业部（澳大利亚）	3	12.50
5	日本	1	4.17	6	阿尔伯塔大学（加拿大）	3	12.50
5	荷兰	1	4.17	6	墨尔本大学（澳大利亚）	3	12.50
5	中国	1	4.17	6	澳大利亚维多利亚环境部与第一产业部（澳大利亚）	3	12.50

从后续引用该热点核心论文的施引论文量来看（表4-3），澳大利亚和美国各有88篇和77篇，分别占该热点施引论文总量的33.59%、29.39%，显著高于其他国家；巴西、

加拿大和中国均有 20 篇以上的施引论文,构成该研究热点施引论文量的第二梯队;爱尔兰、荷兰、英国、法国和新西兰均有 10 篇以上的施引论文,构成该研究热点施引论文量的第三梯队。在施引论文量排名前十的机构中,有 6 个机构来自澳大利亚,美国、巴西、加拿大和荷兰各 1 个机构。澳大利亚新英格兰大学、乐卓博大学、墨尔本大学、昆士兰大学、澳大利亚联邦科学与工业研究组织和美国农业部等机构各自贡献了 20 篇以上的施引论文;而圣保罗大学、阿德莱德大学、阿尔伯塔大学和瓦赫宁根大学也分别贡献了 10 篇以上的施引论文。上述统计结果表明在对该热点研究的追踪中,澳大利亚和美国及其研究机构表现突出,展示出较强的研究能力和优势;不过巴西、加拿大及中国等国家的发展潜力和研究能力已经在逐步提高。

表 4-3 "肉牛剩余采食量遗传评估及营养调控"研究热点施引论文的 Top 产出国家和机构

排名	国家	施引论文 (篇)	比例 (%)	排名	机构	施引论文 (篇)	比例 (%)
1	澳大利亚	88	33.59	1	新英格兰大学(澳大利亚)	35	13.36
2	美国	77	29.39	2	乐卓博大学(澳大利亚)	26	9.92
3	巴西	41	15.65	3	墨尔本大学(澳大利亚)	23	8.78
4	加拿大	35	13.36	4	昆士兰大学(澳大利亚)	22	8.40
5	中国	29	11.07	5	澳大利亚联邦科学与工业研究组织(澳大利亚)	21	8.02
6	爱尔兰	16	6.11	5	美国农业部(美国)	21	8.02
6	荷兰	16	6.11	7	圣保罗大学(巴西)	18	6.87
8	英国	12	4.58	8	阿德莱德大学(澳大利亚)	17	6.49
9	法国	11	4.20	8	阿尔伯塔大学(加拿大)	17	6.49
9	新西兰	11	4.20	10	瓦赫宁根大学(荷兰)	15	5.73

4.3 重点前沿——"非洲猪瘟的流行与传播研究"

4.3.1 "非洲猪瘟的流行与传播研究"前沿概述

非洲猪瘟是由非洲猪瘟病毒(African swine fever virus, ASFV)感染猪导致的一种急性、热性、高致死性传染病,家猪的感染发病率极高,病死率几乎高达 100%。该病仅感染猪(家猪、野猪、疣猪),并可通过软蜱传播,未发现感染其他动物和人。该病 1921 年最早报道于肯尼亚,1957 年因航班厨余喂猪传出非洲进入葡萄牙。该次疫情很快得到控制，但 1960 年再次传入葡萄牙后，很快传遍伊比利亚半岛，并由此向欧洲其他国家和美洲传播。1995 年，以上地区疫情均被扑灭，仅有意大利的撒丁岛野猪感染持续存在。2007 年，同样因洲际船舶运输导致疫情通过格鲁吉亚传入欧洲，迅速扩散入邻国并逐渐传入中东欧多数国家和俄罗斯。2018 年 4 月，俄罗斯联邦病毒学与微生物学研究中心 Kolbasov 证实，非洲猪瘟疫情已于 2017 年传入西伯利亚地区，距中国北部边境仅 1 000km；2018 年 8 月，我国军事科学院军事医学研究院扈荣良首次发现并报道国内非洲猪瘟疫情，至 2019 年 8 月，中国有 31 个省级行政区有疫情发生。自中国出现疫情后，亚洲地区部分国家相继出现疫情。

非洲猪瘟的流行与传播研究之所以在当前备受关注并成为前沿，主要因为非洲以外的亚洲、欧洲和美洲才是家猪大量饲养和消费，即危害最严重的地区。中国国家统计局资料显示，2017 年中国生猪出栏量为 6.88 亿头，约占全球生猪出栏量的一半。非洲猪瘟对集约化猪场的打击往往是毁灭性的：一旦发生疫情，全军覆没的结局几乎无可避免；另一方面，非洲猪瘟病毒抵抗力强，残存病毒很难完全灭活清除，极少量存活病毒即可引起疫情再起，原址复养成本高、难度大。

现有研究已经证实，健康猪可通过与发病或带毒猪/野猪或媒介昆虫（软蜱）直接接触感染非洲猪瘟，也可以通过摄入污染病毒的水、饲料等感染发病。同时越来越多的证据显示，运输工具、人员往来、鸟类和昆虫的机械性携带很可能是构成疫情不断传播的重要因素。另外，ASFV 作为一种超复杂的大 DNA 病毒，对其流行与传播相关分子基础的解析，或有助于从根本上解决病毒感染与传播、免疫与疫苗研究等关键科学问题。

4.3.2 "非洲猪瘟的流行与传播研究" 发展态势及重大进展分析

本前沿核心论文为 6 篇，主要探讨了全球不同地区非洲猪瘟流行、传播及其影响因素。重点研究内容主要集中在非洲猪瘟的流行病学与病原生态学、传播方式和媒介，以及病毒的分子流行病学等几个重要研究领域。

4.3.2.1 非洲猪瘟的流行病学与病原生态学

动物疫病流行病学是研究特定动物疫病与健康状况的分布及其决定因素，以及防治疫病及促进健康的策略和措施的科学。病原生态学则是研究病原与宿主相互关系的科学，主要研究疫病在时空中发生、发展的规律和控制方法，其研究内容主要包括病原、宿主和环境 3 个方面，涉及病原学基本特征、地域分布、自然宿主、媒介载体、传播模式等要素。

非洲猪瘟的传染源及病毒理化特性研究目前已较为清晰。发病猪、康复或隐性感染的带毒猪是非洲猪瘟的主要传染源，野猪及钝缘软蜱是 ASFV 的储存宿主。ASFV 感染猪后的潜伏期为 5~19 天，病猪在发病前 1~2 天就可以通过鼻咽部分泌物排毒。病毒在病猪的各种组织、体液及分泌物、排泄物中存在，急性发病期猪鼻腔和直肠分泌物中约带有 $10HAD_{50}/mL$ 浓度的病毒，即完全可通过接触实现感染。因病毒抵抗力强，污染带毒物质的饲料、饮水、器具、衣物、车辆等均可能成为传染来源。ASFV 可在较大的温度和 pH 值（4~10）范围内存活，环境中的蛋白类物质更有助于延长其存活时间。室温条件下，ASFV 可在腐败的血液中存活 15 周，未经高温蒸煮或烟熏的火腿和香肠中，病毒存活超过 3 个月，在冷冻的肉或尸体内可存活 15 年；通过粪便排出的病毒，仍可存活 11 天以上。针对 ASFV 的有效消毒剂少，世界动物卫生组织（World organization for animal health, OIE）推荐使用 0.8% 的氢氧化钠、2.3% 的次氯酸盐等用于消毒 ASFV。病原微生物实验室中常用的卫可（Virkon®S）在较高使用浓度（1∶200）下有效，可以用于病原实验室内 ASFV 污染的消除。

非洲猪瘟在野生宿主种群内及种群间形成的传播循环是非洲猪瘟得以维持且难以消除的根本原因。目前已知的主要是蜱—猪循环和野猪间循环两种。蜱—猪循环见于伊比利亚半岛和中非地区，当地软蜱叮咬吸食猪血形成 ASFV 感染，可在至少 1 年内通过再次叮咬向其他猪传播病毒。西班牙马德里大学 Sánchez-Vizcaíno 于 2015 年的综合分析显示，即使易感蜱种在当地广泛存在，也并非都承担了确定的传播宿主作用，不同地区的情况差别较大，但潜在风险不容忽视。事实上，东欧和亚洲各国多有软蜱分布，或存在适合其生存的环境，但目前尚未证实当地软蜱的传播作用。野猪间循环，是 1968—1980 年中南美洲非洲猪瘟疫情持续传播的主要成因。2007 年以后非洲猪瘟在东欧和俄罗斯联邦地区形成的稳定传播，也是因为病毒感染野猪后在野猪种群中形成了持续传播，导致至今无法根除，且随着野猪的活动不断扩散并不时传播给家猪。2018 年，我国军事科学院军事医学研究院的郭焕成等报道了当年 11 月发生在吉林省东部山区的中国首例野猪非洲猪瘟疫情；当年 12 月，黑龙江省黑河林区发生了散养杂交野猪非洲猪瘟疫情，提示在中国 ASFV 有可能已经进入野猪种群并形成循环维持态势。

4.3.2.2 非洲猪瘟的传播方式与媒介研究

ASFV 通过前述途径不断传播，导致全球不断发生疫情，除直接传播外，往往以相对隐匿的形式、多种多样的携带媒介进行间接传播，防不胜防。明确疫情传播方式，对于制定周密合理的生物安全措施、有效防控疫情至关重要，也是研究者重点关注的研究对象。

非洲猪瘟自 1921 年正式报道至其传出非洲用了 36 年，从 2007 年进入东欧到目前几乎传遍欧亚大陆用了 12 年；而从 2018 年 8 月在中国首次发现到传遍国内多数地区仅用了不到 12 个月。2017 年，英国皇家兽医学院的 Guinat 在综合分析后认为，除直接传播以外，宿主密度增加、动物性饲料的使用、远距离引种和生猪运输等人类活动是疫情加速传播的主要动力。其中以下两类"非典型"传播方式因其隐秘性而容易受到忽视。

一是通过病毒污染的饲料和饮水直接传播。未进行高温处理的猪肉、脂肪及猪皮中的 ASFV 感染力可维持至少数月，俄联邦病毒学与微生物学研究中心的 Gogin 于 2013 年在俄罗斯，欧盟于 2014 年在拉脱维亚均检测到猪肉制品中存在感染性 ASFV 或其核酸。厨余垃圾喂猪（俗称泔水猪）在国内外均较普遍，是城市周边小规模饲养和农村家庭养猪的常见模式。上述事实可能较好解释了在俄罗斯和中国，大规模猪场出现疫情之前往往是上述饲养模式的小猪场先发生疫情。2014 年欧盟的报告中还提到，使用鲜草及其种子喂猪，可能因其污染野猪的粪尿等分泌物而导致疫情的发生。美国农业部梅岛动物疫病中心的 Howey 等 2013 年发现，经鼻途径比经口途径感染需要的病毒量更低，即呼吸道吸入可能比消化道摄入更容易造成感染。然而，2018 年 8 月末发生在保加利亚的疫情，其罪魁极可能是多瑙河水。多瑙河在保加利亚上游流经奥地利等五国，途经的疫区可能将猪场污水甚至病猪倾入河流，发病猪场正是以河水直接作为猪的饮用水才导致疫情发生，逾 13 万头生猪被扑杀。

二是通过非生物媒介间接传播。生猪、猪肉在运输途中产生的排泄物和渗出物会污染运输工具；饲养和兽医服务人员进入猪场后衣物会沾染携带污染物。英国皮尔布赖特研究所的 Davis 等 2015 年报道，以上形式污染物中的 ASFV 在 4℃时的感染力可以维持 8~15 天，在 21℃时可维持至少 5 天。俄联邦动物卫生中心的 Oganesyan 于 2013 年的研究表明，发生在俄罗斯和立陶宛境内大型商业化猪场的若干起疫情，并无直接接触病猪及污染饲料的可能，但在仔细审查其生物安全防范措施时，发现养殖场人员衣物及鞋靴等缺乏有效消毒处理环节，此安全隐患可能造成了疫情传入。

就现有文献分析，目前使用的研究手段往往无法直接模拟和验证疫情传播的实际发生状况，而多为综合疫情发生的流行病学及病原学数据进行的回顾性分析。这些分析结论对集约化养猪场制定针对非洲猪瘟的生物安全防范措施至关重要。从国内外大量疫情的调查数据也可以看出，在日益重视非洲猪瘟生物安全防范这一"千里之堤"的背景下，疫情的发生往往仅源于"蚁穴"式的疏漏。

4. 3. 2. 3　非洲猪瘟的分子流行病学

分子流行病学是将分子生物学理论和技术引入传统流行病学研究，通过基因水平数据分析进行疫病流行及溯源等研究的一门新学科，也是当前非洲猪瘟流行与传播研究相关文献报道较集中的领域。目前已知，ASFV 基因组 DNA 长 170~190kb，编码 160~175

个基因。通过对 ASFV 基因片段进行系统发生分析，可以在一定程度上追溯特定病毒株的来源和演化过程，这是相比传统流行病学的最大优势。目前，ASFV 分为至少 24 个基因型，绝大部分基因型仅在非洲大陆流行，其中基因Ⅰ型分布最广，1957 年首次进入葡萄牙，以及其后经欧洲进入南美和加勒比地区的 ASFV 都是基因Ⅰ型。而 2007 年传入格鲁吉亚，至今仍在东欧、俄罗斯和亚洲多国流行的 ASFV 为基因Ⅱ型。2007 年格鲁吉亚非洲猪瘟疫情的溯源就是通过病毒基因系统发生分析得以证实的。

前文提及的 2018 年我国首例家猪疫情和首例野猪疫情，我国科学家通过基因序列分析，均确认流行病毒为基因Ⅱ型，但野猪和家猪的 ASFV 至少存在 10bp 连续碱基缺失差异，提示野猪疫情并非直接由当地家猪传播。2017 年，南非 Onderstepoort 兽医研究所的 Quembo 对莫桑比克软蜱分离的 ASFV 进行了基因特性分析和鉴定，发现了与欧亚大陆流行的基因Ⅱ型同源的病毒序列，和与莫桑比克、马拉维等非洲国家流行的基因Ⅴ型同源的病毒序列，此外还首次发现了之前未报道过的基因 24 型。2019 年奥地利动物生产与卫生实验室的 Wade 对 2010—2018 年分离自喀麦隆境内的 48 个毒株进行了基因特征分析，结果显示，这些毒株及其变种与其邻国的分离株特征相似，证实了 ASFV 的跨境传播，提示在非洲地区应建立和设计跨国通用的非洲猪瘟控制方案，以减少该病的广泛传播。

分子流行病学研究和分析的是基因水平的数据，准确、翔实、充分的数据是产生可靠结论的重要基础。GenBank 是目前最大的开放型基因数据库，2019 年 10 月检索该数据库时，ASFV 相关序列接近 2 万条。这些数据为今后的分子流行病学研究提供了大量可供对比的基因序列，也为其他基础研究提供了充足可靠的数据支持。

4.3.3 "非洲猪瘟的流行与传播研究"发展趋势预测

从开放平台进行文献检索的结果看，非洲猪瘟流行与传播研究相关文献多集中在疫情报道、传播途径分析和毒株特性研究领域。就指导疫情防控而言，流行病学领域在基础研究方面仍有不少问题尚待解决，不同国家和地区面临的主要问题也不尽相同，这些都可能成为今后一段时间非洲猪瘟流行与传播的研究前沿。例如，除了已经发现的途径外，ASFV 通过环境间接传播的方式和途径还有哪些？饲料和饮水污染是非洲猪瘟传播的重要方式，但是可致疫情传播的下限污染剂量究竟是多少？存在野猪疫情的地区，野猪和家猪直接或间接接触导致感染的风险和概率多大？感染后康复或耐过的野猪或家猪成为传播源和带毒宿主的潜在能力有多高，时间有多长？存在媒介软蜱的地区，软蜱带毒的背景和对疫情传播的作用有多大？人类生产和生活行为对疫情传播的具体影响和应采取的针对性管控措施如何？……

ASFV 的结构和蛋白构成十分复杂，针对病毒本身的基础研究，如 2019 年 10 月，中国科学院生物物理研究所的饶子和等在《科学》(Science) 发表文章，对 ASFV 的结构和组装进行了解析。此类研究有助于更好理解和阐述病毒的感染与传播、感染与免疫等具体机制，也是今后一段时间非洲猪瘟病毒研究的前沿之一。

4.3.4 "非洲猪瘟的流行与传播研究" 前沿 Top 产出国家与机构文献计量分析

该前沿核心论文数量为 13 篇，从论文 Top 产出国家来看 (表 4-4)，不同国家产出比较平均，其中产出最多的西班牙，为 2 篇，占核心论文总量的 33.33%。应该说，没有形成明显领先优势的国家，这与非洲猪瘟疫情流行和传播范围有关，同时流行病学研究需要大量的现地调查资料，产出周期较长，少量数据无法形成有影响力的论文。从核心论文产出机构看，也没有占明显优势的机构。Top 产出的 19 家机构均主导或参与了 1 篇核心论文，其中，有 4 家出自中国，西班牙、英国和南非各有 2 家，中国、西班牙、南非、英国及其科研机构对非洲猪瘟流行与传播显示了更高的关注度和影响力，但尚未形成明显的竞争优势。

表 4-4 "非洲猪瘟的流行与传播研究" 研究前沿核心论文的 Top 产出国家和机构

排名	国家	核心论文（篇）	比例（%）	排名	机构	核心论文（篇）	比例（%）
1	西班牙	2	33.33	1	军事医学科学院（中国）	1	16.67
2	澳大利亚	1	16.67	1	澳大利亚动物健康试验室（澳大利亚）	1	16.67
2	中国	1	16.67	1	中国农业科学院（中国）	1	16.67
2	法国	1	16.67	1	农业发展中心（法国）	1	16.67
2	德国	1	16.67	1	西班牙食品与农业技术研究院动物健康研究中心（西班牙）	1	16.67
2	意大利	1	16.67	1	欧洲食品安全管理局（欧盟）	1	16.67
2	立陶宛	1	16.67	1	弗里德里希·勒夫勒研究院（德国）	1	16.67
2	莫桑比克	1	16.67	1	河南农业大学（中国）	1	16.67
2	波兰	1	16.67	1	农业研究所（莫桑比克）	1	16.67
2	俄罗斯	1	16.67	1	国家食品与兽医风险评估研究中心（立陶宛）	1	16.67
2	南非	1	16.67	1	国家兽医研究所（波兰）	1	16.67

排 名	国 家	核心论文（篇）	比 例（%）	排 名	机 构	核心论文（篇）	比 例（%）
2	英国	1	16.67	1	国家兽用药品工程技术研究中心（中国）	1	16.67
				1	国家病毒学与微生物学研究中心（俄罗斯）	1	16.67
				1	昂德斯波特兽医研究所（南非）	1	16.67
				1	皮尔布莱特研究所（英国）	1	16.67
				1	皇家兽医学院（英国）	1	16.67
				1	马德里大学（西班牙）	1	16.67
				1	科尔多瓦大学（阿根廷）	1	16.67
				1	比勒陀利亚大学（南非）	1	16.67

从后续引用该前沿核心论文的施引论文量来看（表4-5），西班牙最多，为36篇，占该前沿施引论文总量的19.46%，其次为中国、美国和英国，分别有29篇、29篇和28篇，约占总量的15%，引用该前沿核心论文的施引论文量排名第五到第九的国家分别是波兰、德国、意大利、丹麦、爱沙尼亚、法国、葡萄牙和俄罗斯，占比为4.86%～11.89%不等，应该说，没有构成绝对优势的国家。在施引论文量排名靠前的12家机构中，施引文献最多的机构是波兰国家兽医研究所，占施引文献总量的10.81%；西班牙的科研机构入选最多，有3家。施引论文量排名前十位的研究机构中，欧洲国家占75%，表明目前在该前沿研究中，欧洲国家及其研究机构占据明显优势。

表4-5 "非洲猪瘟的流行与传播研究"研究前沿施引论文 Top 产出国家与机构文献计量分析

排 名	国 家	施引论文（篇）	比 例（%）	排 名	机 构	施引论文（篇）	比 例（%）
1	西班牙	36	19.46	1	国家兽医研究所（波兰）	20	10.81
2	中国	29	15.68	2	皮尔布莱特研究所（英国）	19	10.27
2	美国	29	15.68	3	西班牙食品与农业技术研究院动物健康研究中心（西班牙）	16	8.65
4	英国	28	15.14	4	弗里德里希·勒夫勒研究院（德国）	14	7.57
5	波兰	22	11.89	4	马德里大学（西班牙）	14	7.57

（续表）

排 名	国家	施引论文（篇）	比 例（%）	排 名	机 构	施引论文（篇）	比 例（%）
6	德国	21	11.35	6	高等科学研究理事会（西班牙）	9	4.86
7	意大利	13	7.03	6	堪萨斯州立大学（美国）	9	4.86
8	丹麦	10	5.41	6	丹麦科技大学（丹麦）	9	4.86
9	爱沙尼亚	9	4.86	9	中国农业科学院（中国）	8	4.32
9	法国	9	4.86	10	爱沙尼亚生命科学大学（爱沙尼亚）	7	3.78
9	葡萄牙	9	4.86	10	麦克雷雷大学（乌干达）	7	3.78
9	俄罗斯	9	4.86	10	皇家兽医学院（英国）	7	3.78

5 农业资源与环境学科领域

5.1 农业资源与环境学科领域研究热点前沿概览

农业资源与环境学科领域 Top8 研究热点前沿主要分布在农业废弃物资源化利用、土壤退化与改良、农田碳氮循环与温室气体排放，以及土壤污染与修复 4 个子领域（表 5-1）。其中，"畜禽粪便与废弃物处理再利用"研究热点属于农业废弃物资源化利用研究方向；"土壤侵蚀过程监测及相关阻控技术研究""土壤真菌群落结构及其功能""土壤改良剂在作物耐逆中的应用" 3 个研究热点属于土壤退化与改良研究方向；"生物炭对农田温室气体排放的影响研究""菌根真菌驱动的碳循环与土壤肥力"研究热点属于农田碳氮循环与温室气体排放的研究范畴；"磷肥可持续利用与水体富营养化""基于功能材料与生物的河湖湿地污染修复"属于土壤污染与修复研究范畴，其中"基于功能材料与生物的河湖湿地污染修复"被选为重点研究前沿。

从热点前沿施引文献发文量变化趋势看（图 5-1），以上各热点前沿关注度基本上呈现逐年上升的趋势，其中"磷肥可持续利用与水体富营养化"和"土壤真菌群落结构及其功能" 2 个研究热点受到的关注度较高，且逐年涨幅较明显，而"土壤侵蚀过程监测及相关阻控技术研究"热点和"基于功能材料与生物的河湖湿地污染修复"前沿从受关注的时间上来看内容更具前瞻性。

表 5-1 农业资源与环境学科领域 Top8 研究热点及前沿

序　号	类　别	研究热点或前沿名称	核心论文（篇）	被引频次	核心论文平均出版年
1	热点	土壤侵蚀过程监测及相关阻控技术研究	24	1 525	2016.7

（续表）

序　号	类　别	研究热点或前沿名称	核心论文（篇）	被引频次	核心论文平均出版年
2	重点前沿	基于功能材料与生物的河湖湿地污染修复	20	1 961	2016.7
3	热点	土壤改良剂在作物耐逆中的应用	21	1 868	2016.6
4	热点	磷肥可持续利用与水体富营养化	38	4 397	2015.5
5	热点	菌根真菌驱动的碳循环与土壤肥力	17	2 492	2015.1
6	热点	土壤真菌群落结构及其功能	8	3 415	2014.0
7	热点	畜禽粪便与废弃物处理再利用	7	1 309	2013.7
8	热点	生物炭对农田温室气体排放的影响研究	8	1 777	2013.5

	2013年	2014年	2015年	2016年	2017年	2018年	2019年
土壤侵蚀过程监测及相关阻控技术研究	0	0	9	75	210	268	208
基于功能材料与生物的河湖湿地污染修复	0	0	11	91	228	442	422
土壤改良剂在作物耐逆中的应用	0	14	34	93	200	407	380
磷肥可持续利用与水体富营养化	11	122	237	329	553	822	755
菌根真菌驱动的碳循环与土壤肥力	19	96	150	229	277	336	292
土壤真菌群落结构及其功能	6	86	201	388	463	604	525
畜禽粪便与废弃物处理再利用	9	72	137	189	211	219	209
生物炭对农田温室气体排放的影响研究	14	77	127	175	242	267	226

图 5-1　农业资源与环境学科领域研究热点前沿施引文献量的增长态势

5.2　重点前沿——"基于功能材料与生物的河湖湿地污染修复"

5.2.1　"基于功能材料与生物的河湖湿地污染修复"研究前沿概述

近年来随着人口急剧增加，城镇化进程加快，生活污水和工业废水的排放及农业生产活动使得河湖湿地污染日益严重，引起人们广泛关注。其中，重金属和持久性有机污染物具有污染范围广、毒性大、存在时间长、不易被自然降解等特点，成为国内外关注和研究的前沿。

湿地被称为"地球之肾"和"生物基因库"，是地球上水陆生态系统相互作用形成的独特生态系统，是重要的农业资源之一，对人类的生产和生活至关重要。作为重金属和难降解有机物污染物的归宿地与积蓄库，湿地在某一特定条件下对重金属和难降解有机物在水—湿地土壤之间相互作用过程中的重新固定、转化和降解起到了重要作用。因此，对重金属和持久性有机污染物污染的湿地的修复刻不容缓，尤其湖南省湘江流域和洞庭湖区域重金属和难降解有机污染物污染湿地修复已经成为一个国际国内关注的热点和难点。

许多科学家已开展了河湖湿地重金属/难降解有机物污染修复方面的研究，其中生物修复和化学修复是湿地污染修复的重要途径。但是河湖污染湿地土壤或底泥组分复杂，其修复是一个系统工程，单一的修复技术很难达到预期效果。因此，研发多介质、多技术耦合强化的修复技术是土壤污染修复的核心工艺。

本前沿的研究重点关注河湖重金属/难降解有机物的修复问题，着眼于功能材料的研发和优化，并提出生物—化学联合修复技术。另外，在开展功能材料研发、修复方法强化优化等工作的同时，研究者也在修复土壤安全性评估方面进行了大量的研究，以期为湿地土壤场地修复提供理论指导。

5.2.2　"基于功能材料与生物的河湖湿地污染修复"发展态势及重大进展

本前沿的核心论文共20篇，主要探讨了河湖湿地重金属和难降解有机物污染的修复技术研发和应用。重点研究内容主要集中在3个方面：重金属/有机物修复方法的建立、功能材料与生物修复协同强化修复研究、修复土壤安全性评价（主要包括土壤营养结构和土壤微生物等微环境对修复过程及修复剂的响应情况）。

5.2.2.1　河湖湿地污染修复方法的建立

随着社会的发展和人类生产方式的进步，重金属和有机物污染已经成为世界性的难题。湖南省作为有色金属之乡和农业大省，河湖湿地土壤中重金属含量超标严重，农药、除草剂、抗生素等有机污染现象也不容忽视。针对这些问题，湖南大学研究团队充分重视洞庭湖、湘江流域的河湖湿地污染问题，研发了生物修复技术和多种功能材料在河湖湿地土壤的重金属和有机物污染修复中的应用。

近年来，国内外研究者已大力开展对重金属修复功能材料的研究，20篇核心论文中，8篇论文关注河湖重金属污染湿地的修复问题，主要涉及改性纳米零价铁、氯磷灰石、生物炭等功能材料。但传统功能材料在应用过程中仍存在着迁移性弱以及稳定效率低等问题，因此各种改性技术研发和应用成为功能材料研发中的前沿。湖南大学和武汉大学研究团队重点探讨了各类表面活性剂对功能材料改性强化重金属的修复效果，重点研究了十二烷基硫酸钠、羧甲基纤维素钠和鼠李糖脂等表面活性剂改性纳米氯磷灰石对重金属的修复效应，研究结果证实经使用表面活性剂有效改善了功能材料的迁移性、稳定性及反应活性，能够在稳定重金属的同时具有较强的迁移性从而增强磷的有效利用率，降低因磷的过量流失而引起的水体富营养化风险。尤其鼠李糖脂修饰的氯磷灰石可有效控制磷的释放，降低了水体富营养化的风险，由于鼠李糖脂自身可抑制有害藻类生长，能够在一定程度上降低二次污染的可能性。

20 篇核心论文中，9 篇论文涉及抗生素、农药等难降解有机物的修复问题。堆肥修复、接种环境微生物和添加表面活性剂等强化生物修复技术在河湖有机物污染湿地修复中具有重要作用。但是，土壤中其他复杂组分及恶劣环境也可能会抑制酶的催化活性，严重抑制了生物降解性能，很难实现有机污染物的完全降解。因此，国内外研究者研发了大量功能材料应用于有机污染修复，本前沿中主要包括改性碳纳米管、TiO_2/石墨烯分子印迹材料以及改性钢渣。湖南大学研究团队将钢铁冶炼过程中产生的大量钢渣作为类芬顿反应的催化剂应用于土壤中阿特拉津的去除，通过多次添加类芬顿氧化剂过氧化氢的方法有效提升了阿特拉津的去除率，避免了传统芬顿反应对土壤的酸化影响，同时提高了土壤的钙、镁等植物营养元素的含量。该研究团队进一步通过有机酸对钢渣进行改性处理，降低了钢渣的碱性，并提高了钢渣的吸附性能和催化性能，使钢渣具备高效、快速去除有机污染物的能力，有望实现钢渣的资源化再利用。

目前，河湖污染湿地的研究多为基础研究和基础应用研究。研发经济、高效、实用性强的功能材料对实现河湖污染场地修复具有十分重要的指导意义，如何实现功能材料在场地修复中的实际应用，成为亟待解决的新问题。

5.2.2.2 功能材料与生物协同修复效应研究

许多科学家已开展了河湖湿地污染修复方面的研究，从最初的底泥疏浚、掩蔽到生物修复，但是河湖污染湿地土壤或底泥的修复是一个系统工程，单一的修复技术很难达到预期效果。

将功能材料和生物修复技术联用是目前研究的前沿。研究发现，通过将功能材料与生物修复技术联合不仅可以有效固定重金属，降低其移动性和生物可利用性，对改善土壤养分情况也具有重要作用。湖南大学和浙江省农业科学院、长江科学研究院合作，发现生物炭材料与堆肥产品添加显著降低了重金属的移动性和生物利用性，使重金属的形态从不稳定态转化为残渣态。堆肥产品与生物炭产品添加可促进污染物与环境介质间的电子传递，影响重金属等污染物在环境中的迁移转化和归趋行为。同时，这些稳定剂的添加改变了湿地土壤的理化性质，随着堆肥量的增加，湿地土壤中的总有机碳和水溶性有机碳的含量逐渐增加。此外，湖南大学研究团队采用鼠李糖脂稳定的纳米零价铁功能材料修复镉污染湿地土壤，改性后的纳米零价铁大大提高了环境中镉的稳定态浓度。同时发现纳米零价铁功能材料的应用改变了土壤中细菌的群落结构，增加变形菌门和厚壁菌门的丰度，这其中主要包括土杆菌属和芽孢杆菌属，这些细菌群落结构的变化促进了Fe（Ⅲ）的还原，进而促进了环境中镉的稳定。铁基材料可在土壤或底泥环境下溶解生成Fe（Ⅲ），在厌氧、兼性厌氧以及超嗜热等多种微生物作用下还原为Fe（Ⅱ），通过Fe（Ⅲ）和Fe（Ⅱ）之间的循环转化促进污染物转化，还可通过络合作用抑制磷酸盐的可利用性，促进土壤中主要营养元素（C/N）的增加，提高土壤肥力，进而提升土壤微生物活性，强化生物修复效应。上述结果表明，功能材料施加引起底泥微生物群落响应进而影响到土壤微生物活性和自净能力是功能材料和微生物协同作用的重要机理。

湖南大学的黄丹莲教授研究团队以苎麻幼苗为受试植物，研究了纳米零价铁（NZVI）材料来探究NZVI对植物积累和转运底泥中重金属Cd的影响，探究了NZVI对Cd诱发的植物毒性的调节作用。他们发现适宜浓度的NZVI能促进苎麻各器官对Cd的积累并增加Cd在苎麻中的转运系数，进一步表明了功能材料NZVI的施加可通过增加植物积累转运重金属的水平，缓解重金属诱发的氧化胁迫损伤，提高植物抗氧化能力而起到强化植物修复的目的。该研究为植物修复效率的提高提供了有效途径，为功能材料在环境领域的应用寻求了新的方向。

目前使用的某些功能材料制备成本较高、制备过程繁杂，如需大规模使用，还需寻找高效环保的能提高功能材料产出和质量的方法。功能材料与生物协同修复仍处于实验室理论探究阶段，实际湿地土壤或底泥环境复杂，需根据具体情况进一步考察材料施加方式、施加剂量、可能对水体造成的影响及其他生态效应，更好地将功能材料真正应用于实际污染环境中生物修复。

5.2.2.3　河湖湿地微环境响应情况研究

河湖湿地作为重要的农业资源，土壤安全性评估是实现湿地土壤修复的前提，也是实现污染湿地等农业资源再利用的必由之路。目前，湿地土壤修复中的各类修复技术获得了广泛关注。修复过程中湿地土壤的微环境响应情况对全面评估修复技术的可行性具有十分关键的作用。系统研究修复技术的实际应用性能，在以修复效率作为核心指标的同时，重点关注修复方法对土壤理化性质、土壤结构组成、土壤营养状况的影响，可为修复技术全面应用于河湖湿地土壤场地修复提供理论指导和依据。

土壤微生物是土壤的重要组分，参与土壤生态系统的物质循环过程，微生物活性和群落结构可作为修复技术生态安全评价的重要指标。湖南大学曾光明教授团队使用纳米氯磷灰石功能材料对底泥中的重金属铅进行修复，研究结果表明纳米氯磷灰石功能材料的能够提高底泥微生物物种丰度，改变群落多样性，同时也能影响群落结构组成，影响优势物种的相对丰度。此外，他们还利用稻草制备了生物炭功能材料应用于河湖底泥中重金属镉和锌的修复。研究发现，生物炭功能材料在修复重金属镉和锌的过程中，对底泥中的酶活以及微生物群落结构产生了很大的影响。高浓度的生物炭材料的应用大大降低了优势物种的相对丰度以及酶的活性。但是当生物炭材料的浓度为 10mg/kg 时，脲酶、碱性磷酸酶的活性以及细菌和真菌的丰度都有所增加。因此，该研究表明，功能材料的应用在一定程度上可以影响底泥微环境，但是在应用功能材料修复重金属时，需要把控好功能材料的施用量，在重金属钝化的同时对底泥微环境产生更加有益的影响。

5.2.3 "基于功能材料与生物的河湖湿地污染修复"发展趋势预测

近年来，基于功能材料与生物的河湖湿地污染修复已经成为人们的研究焦点，但是还是存在许多不足且需要进一步研究的地方。

一方面，目前的功能材料的开发，大多仅限于实验室的研究，在污染的河湖湿地土壤场地修复时，可能需要大量的功能材料，且修复过后累积的大量材料的环境效应分析也是目前的研究难点。例如，纳米氯磷灰石材料在修复过程中可能会释放额外的磷进入环境中，产生富营养化的风险。因此，功能材料的毒理性研究和新型修复材料的生态风险评估将作为未来开发新的功能材料应用于河湖湿地污染修复研究的重中之重，避免功能材料产生的二次污染是后续研究中的重要趋势。

另一方面，目前国内外研究重点关注以残余浓度和生物有效性作为修复指标，考虑到修复材料本身可能存在的生态影响，修复后土壤的质地、营养状况、微生物活性、污染物再释放性能评估、农作物吸收富集性能等安全性评价，是实现修复后底泥的生态资源化探索的必由之路，全面评估经济、环境效益与其潜在生态风险间的平衡关系，对拓展修复材料的环境应用、保障其相关产业的良性可持续发展、实现河湖污染湿地农业资源化再利用都具有十分重要的理论指导意义。

5.2.4 "基于功能材料与生物的河湖湿地污染修复"研究前沿 Top 产出国家与机构文献计量分析

本前沿的核心论文主要集中在河湖湿地土壤重金属和难降解有机物的修复问题，从前沿核心论文排名来看，中国是"基于功能材料与生物的河湖湿地污染修复"前沿的超级大国，核心论文远超其他国家。尤其中国湖南省高校在核心论文产出中占绝对核心地位，湖南省是有名的"有色金属之乡"，湘江流域矿业开采历史悠久，洞庭湖区域是血吸虫重点疫区，导致环洞庭湖区域农药、抗生素等难降解有机物污染严重。在研究河湖湿地污染修复时，湖南省是一个极具代表性的区域，因此，大量核心论文产出都在湖南省，重点包括湖南大学、湖南农业大学，以及湖北省的武汉大学和长江科学研究院（表5-2）。

表5-2 "基于功能材料与生物的河湖湿地污染修复"研究前沿核心论文
Top产出国家与机构文献计量分析

排名	国家	核心论文（篇）	比例（%）	排名	机构	核心论文（篇）	比例（%）
1	中国	20	100	1	湖南大学（中国）	20	100
				2	湖南农业大学（中国）	2	10
				3	长江科学研究院（中国）	1	5
				3	武汉大学（中国）	1	5
				3	浙江省农业科学院（中国）	1	5

从后续引用该前沿核心论文的施引论文量来看，中国的施引论文量共计770篇，占比63.79%，其次是美国、印度和伊朗。从机构方面，依旧是中国的科研机构排名遥遥领先。湖南大学、中国科学院、湖南农业大学、中南大学和北京科技大学5家机构包揽了前五名。这与核心论文产出机构情况类似，湖南省湘江流域和洞庭湖区域难降解有机污染物和重金属污染湿地修复已经成为一个国际国内关注的热点和难点，大量的研究集中于湘江和洞庭湖区域的重金属和难降解有机物修复问题，因而在施引论文机构中中国的科研机构占据绝对的领先地位（表5-3）。

表5-3 "基于功能材料与生物的河湖湿地污染修复"研究前沿施引论文
Top产出国家与机构文献计量分析

排名	国家	施引论文（篇）	比例（%）	排名	机构	施引论文（篇）	比例（%）
1	中国	770	63.79	1	湖南大学（中国）	232	19.22
2	美国	90	7.46	2	中国科学院（中国）	54	4.47
3	印度	81	6.71	3	湖南农业大学（中国）	40	3.31
4	伊朗	57	4.72	4	中南大学（中国）	33	2.73
5	澳大利亚	41	3.40	5	北京科技大学（中国）	18	1.49
5	韩国	38	3.15	6	中南林业科技大学（中国）	17	1.41
5	巴西	35	2.90	6	哈尔滨工业大学（中国）	17	1.41
8	西班牙	32	2.65	6	四川理工大学（中国）	17	1.41

排　名	国　家	施引论文（篇）	比　例（%）	排　名	机　构	施引论文（篇）	比　例（%）
9	巴基斯坦	26	2.15	9	中国农业大学（中国）	16	1.33
10	德国	23	1.91	9	江苏大学（中国）	16	1.33
				9	华南理工大学（中国）	16	1.33

6 农产品质量与加工学科领域

6.1 农产品质量与加工学科领域研究热点前沿概览

农产品质量与加工学科领域 Top6 研究热点前沿主要集中在农产品加工先进技术和营养健康技术两方面的研究（表 6-1）。2019 年，"3D 食品打印技术研究""智能食品包装技术及其对食品质量安全的提升作用研究""果蔬采后生物技术研究"和"纳米乳液制备、递送及应用"入选为农产品加工先进技术方向研究热点前沿。营养健康技术方面包括"益生菌在食品中的应用及其安全评价"和"浆果中主要生物活性物质功能研究"两个研究热点前沿。

表 6-1　农产品质量与加工学科领域 Top6 研究热点及前沿

序　号	类　别	研究热点或前沿名称	核心论文（篇）	被引频次	核心论文平均出版年
1	前沿	3D 食品打印技术研究	8	441	2017.4
2	前沿	智能食品包装技术及其对食品质量安全的提升作用研究	6	482	2015.8
3	热点	果蔬采后生物技术研究	6	552	2015.3
4	热点	益生菌在食品中的应用及其安全评价	19	1 427	2015.2
5	重点热点	浆果中主要生物活性物质功能研究	6	589	2015.2
6	热点	纳米乳液制备、递送及应用	18	1 711	2014.7

从热点前沿施引文献发文量变化趋势看（图 6-1），以上各热点前沿关注度基本上呈

现逐年上升的趋势，其中"益生菌在食品中的应用及其安全评价"和"纳米乳液制备、递送及应用"2 个研究热点受到的关注度较高，且逐年涨幅较明显，而"3D 食品打印技术研究"前沿从受关注的时间上来看内容更具前瞻性。

	2013年	2014年	2015年	2016年	2017年	2018年	2019年
3D食品打印技术研究	0	0	2	12	22	60	73
智能食品包装技术及其对食品质量安全的提升作用研究	0	1	16	45	74	109	107
果蔬采后生物技术研究	0	6	23	50	83	106	105
益生菌在食品中的应用及其安全评价	5	31	93	148	205	245	245
浆果中主要生物活性物质功能研究	0	12	43	75	104	99	52
纳米乳液制备、递送及应用	3	41	102	174	207	260	241

图 6-1 农产品质量与加工学科领域研究热点前沿施引文献量的增长态势

6.2 重点热点——"浆果中主要生物活性物质功能研究"

6.2.1 "浆果中主要生物活性物质功能研究"研究热点概述

浆果，因其可口的味道及独特的香气，具有重要的经济意义。另外，由于浆果中富含多种生物活性物质，同时是微量营养素和功能活性成分的主要来源。因此，在维持人体健康、预防慢性疾病方面也起着重要作用，得到了消费者和种植者的广泛关注。由于我国浆果的研究和产业发展起步较晚，各类浆果中的主要生物活性物质功能的合理开发利用及其应用研究相对较少，开发技术支持不足，高附加价值的产品和功能性产品存在缺失，目前没有形成支柱产业。

浆果中的生物活性化合物主要包含酚类化合物和抗坏血酸，这些化合物对人体具有多种健康益处。因此，了解各种浆果中所含生物活性物质的种类、含量其性质，将有助于进一步揭示及开发浆果的生理功能及药用价值，为进一步开发其对各类疾病的预防及治疗有指导作用。同时进一步改善浆果的营养品质以控制或增加水果中与健康相关的特定化合物的含量，为育种和功能性产品的开发及应用提供新的策略。

目前，对浆果中生物物质主要功能的开发及利用已经取得了一定进展。主要在对癌症、炎症、神经性疾病预防及治疗作用等方面开展了研究。研究表明，草莓多酚具有抗氧化特性，可以预防自由基引起的皮肤损伤。食用浆果也可以预防结肠直肠癌，特别是在高危患者中疗效较好。此外，中山大学和广州中药总厂对茅莓等展开了药理及成分方面的研究，开发出具有较好疗效的"止血灵"注射液。哈尔滨医科大学研究发现树莓组分对肝癌细胞具有较好的抑制和预防作用。

随着人们对天然活性成分功效和认可度的提高，发掘和利用天然功能因子已经成为全世界关注的焦点之一。浆果因其富含多种生物活性物质，必将成为天然物质领域的研究热点。然而，浆果中活性成分的种类、功效以及作用机制依然需要更深度的研究。随着新型检测技术和加工技术的发展，不同浆果多种成分在不同人群之间的功效差异性、新型功能因子的挖掘与开发尚需要多学科、多角度深入研究。如何将浆果中的生物活性物质进行开发利用，将是 21 世纪食品工业首要解决的问题。

6.2.2 "浆果中主要生物活性物质功能研究"发展态势及重大进展分析

本研究热点的核心论文共检索到 6 篇，主要针对各类浆果中的生物活性物质展开了多方位、全方面系统的生物活性研究。

6.2.2.1 浆果中的生物活性物质

浆果种类繁多，每一种浆果都含有大量生物活性物质。不同浆果类型对人类的重要性却不一样，因而人们对不同浆果中的生物活性物质的认识和利用程度也有所差异。至今，已广泛研究了浆果中的各种生物活性物质，以及它们对于人类健康的作用。基本上揭示了"生物活性物质与健康"之间的一些内在相关性，特别是在一些特殊生物活性物质与健康相关性方面积累了相当的数据。浆果中常见生物活性物质包括多种维生素、类黄酮、有机酸、单宁类及一些生物碱类等。当然，膳食纤维、低聚糖类及植物甾醇等也是浆果的生物活性物质。

目前对浆果中活性物质的研究主要集中在草莓、蓝莓、葡萄及樱桃等小浆果作物。意大利的马尔凯大学研究表明，草莓含多种营养化合物（如糖、维生素和矿物质）以及非营养性生物活性化合物（如黄酮类、花色素苷和酚酸），这些化合物对促进人类健康和预防疾病均具有协同作用和累积作用。葡萄、桑葚和蓝莓等深色小浆果中花青素含量较高，花青素不仅是天然的食用色素也是抗氧化生物活性化合物，具有良好的健康保健作用；樱桃也是抗氧化生物活性化合物的主要来源之一。

此外，多家研究机构证明了食用浆果在部分疾病具有预防及治疗的作用。如欧洲大西洋大学已确认食用浆果可预防结肠癌，特别是在高危病患中效果明显；日本京都府立大学等多家机构经过系统的动物研究、体外实验以及临床研究，也明确了浆果中含有大量抑制肿瘤活性的生物活性物质，这些都促进了浆果中生物活性物质功能的研究。

6.2.2.2 浆果中主要生物活性物质的功能解析

当前的研究基本上已经明确了一些活性物质可开发利用的功能，并主要集中在以下几个方面。

（1）黄酮类生物活性物质功能

浆果中的黄酮类物质含量丰富，主要存在于叶子和果实中。浆果中的黄酮类物质既是药理因子，又是重要的营养因子，对人体健康和疾病预防、治疗具有重要意义。它具有改善血液循环、预防心脑血管疾病、延缓衰老、预防癌症等功能。墨西哥国家科学研究院等机构的研究表明，沙棘和葡萄中黄酮类物质含量丰富，每日从中摄取少量即可产生有益的生理功效。其黄酮提取物还具有调血脂、抗衰老、抗应激等多种生理功效。同时也证实了浆果中的漆黄素具有预防癌症、改善老年痴呆和提高记忆力等药理学功能。由于蓝莓中含有丰富的黄酮类生物活性物质，日本和美国等多个国家都将其列于抗癌食品的首位。

（2）多糖类生物活性物质功能

浆果中含有丰富的活性多糖。最常见的多糖是纤维素和淀粉，其中纤维素被称为"第七大营养素"。而浆果中的多糖也表现出较好的生理活性，包括降胆固醇效果、抗癌以及抑制肿瘤的效果。此外，多糖还是理想的免疫增强剂，能提高机体免疫系统的功能。同时，浆果中多糖因其丰富性及独特的功能性在功能食品开发上也发挥了重要作用。

美国加利福尼亚大学的研究表明樱桃中的多糖可减少细胞的毒性损伤，具有一定的抗炎作用。同时因浆果中富含多种多糖物质，可以作为免疫调节方面的辅助药物使用，与化疗相结合能够提高机体对药物的敏感性、增强疗效、减轻化疗引起的毒副作用。此外，它对治疗病毒感染也有一定的效果，如乙型肝炎、结核菌感染等。可以改善患者的健康状况，提高身体免疫力。目前，浆果中的多糖已被应用于治疗多种免疫性疾病，如慢性病毒性肝炎以及由耐药性细菌或病毒引起的各种慢性病。

（3）多酚类生物活性物质功能

浆果中的酚类化合物种类丰富，其多酚主要包括有色的花青素类酚类物质和无色的非花青素酚类物质。目前，对浆果中酚类物质生物活性功能的研究主要集中在抗氧化性、消除机体内自由基和抑菌等方面。

浆果中的多酚物质已被证实具有较好的药理作用，如抗衰老、降血脂、降血压、预防心血管疾病、抗癌防癌等。各国科学家都对浆果中多酚的生物活性功能展开了研究。意大利的马尔凯理工大学研究表明，草莓中的多酚类物质能抑制自由基的产生，参与调节细胞代谢，修复 DNA 损伤，对癌症、心血管疾病、肥胖和神经退行性疾病具有积极的作用。越橘花色苷可以保护心肌细胞免受氧化应激诱导的细胞凋亡，对心脏具有一定的保护作用。蓝莓多酚可以减少氧化应激。葡萄多酚和蓝莓多酚皆可以抑制肝癌细胞的生长。此外，葡萄多酚还可以抑制乳腺癌细胞的增殖活性，但对正常细胞皆无影响。葡萄多酚和杨梅多酚等还具有抗辐射损伤的功能。

（4）有机酸生物活性物质功能

有机酸广泛存在于浆果中，是一种含羧基的酸性有机化合物。除参与植物的新陈代谢外，某些有机酸也具有一定的生物活性。法国及意大利对葡萄中的有机酸及其生物活性物质进行了研究。研究表明葡萄中的有机酸与其他物质共同作用对血栓有很好的治疗功效。同时浆果中富含高级的脂肪酸和芳香酸具有良好的抗氧化性能和清除自由基活性，其中，阿魏酸在美容抗衰老方面有独特功效，而鞣花酸在抗癌、抗突变方面表现得较为突出。

6.2.2.3 浆果中主要生物活性物质的相关产品研发

浆果中诸多生物活性物质不仅具有多种生理功能，包括抗氧化、抗癌、抑制肿瘤、改善心血管疾病、调节免疫活性等，而且体现出预防很多慢性疾病或者其他疾病的效果。然而，目前浆果生物活性物质的产品单一，缺乏多元化产品，多数集中在食品方面，但在药品和保健品等方面的产品种类较少。同时，一些特殊的稀有浆果研究和开发力度不足。目前，多数浆果常作为食品原料添加到面包、蛋糕、酸奶等食物中增加口味和营养。以树莓为主要原料的食品较为丰富，如树莓饮料、果酱、果醋、果酒等。树莓果酒是以树莓为主要原料，葡萄酒活性干酵母为发酵菌种，采用液态深层发酵技术酿造而成。捷克和法国等国家将黑苦莓（*Aronia melanocarpa*）作为重要的食品着色剂或营养补品，用于果汁、果泥、果酱、果冻和葡萄酒生产。目前，从浆果中提取的活性成分用于药品的研究和专利很多，而研发成产品的种类却相对较少。产品种类主要以树莓酮胶囊为主。树莓酮胶囊每粒含树莓酮100mg，相当于新鲜红树莓90磅（1磅≈0.454kg），主要作用为促进体内脂肪分解代谢，发挥减脂的功效。

由于浆果中含有多种功能活性成分，不同种类的浆果功效存在差异，因此，浆果中活性物质的产业化进展应主要集中在混合物活性成分的功效研究和产品开发上。随着研究的进一步深入，技术支持的进一步发展，关于浆果中生物活性物质的开发和利用及相关新型功能性产品都将进一步扩大。近几年，欧洲等发达地区对浆果中生物活性物质的开发利用做出了较大的贡献，其关于功能性食品的研究已广泛被国际认可。我国也逐步借鉴国际经验，进一步对浆果中活性物质功能进行研究探索，进而带动整个产业的发展。

6.2.3 "浆果中主要生物活性物质功能研究"发展趋势预测

浆果如葡萄、蓝莓、桑葚等含有丰富的花青素、多酚类、类黄酮等化合物，具有多种生物学功能，如抗氧化、抗炎、神经保护、抗癌等，在药品、保健品等领域发挥重要作用。近年来，花青素、多酚类、类黄酮等生物活性物质抗癌作用已被研究证明，但其分子作用机制尚不明确，这些生物活性物质分子结构特性使其作为癌症预防剂和治疗剂有广阔前景。

传统的治疗癌症方法包括化学药物治疗和放疗。然而，此方法会让癌细胞产生抵抗作用，并且有极大副作用。因此，寻找更有效和无副作用的天然产物药物具有重要意义。开发浆果中的生物活性物质及其新型制剂的产品，增强疾病预防和治疗效果有待进一步研究，可为患者提供新的治疗策略。另外，浆果中含有可利用生物活性成分，如葡萄籽含有大量花青素，对其进行利用可以成为膳食补充剂和功能性成分的可持续来源，提高自然资源的利用效率。

目前，现代工艺对于生物活性物质的提取率有待提高，操作流程有待进一步优化，降低有机试剂的使用，降低对环境产生的压力，开发生物技术和高效、快速、方便、自动化、大规模方法，提高提取效率，并使其循环利用，减少资源的使用和浪费尤为重要。

6.2.4 "浆果中主要生物活性物质功能研究" 研究热点 Top 产出国家与机构文献计量分析

从该热点核心论文 Top 产出国家来看（表6-2），总体产出相对较少，意大利主导或参与了全部6篇核心论文，西班牙和墨西哥分别贡献了5篇和4篇，分别占核心论文总量的83.33和66.67%。其次是厄瓜多尔，核心论文量为2篇，占总量的33.33%。从机构排名来看，意大利的马尔凯理工大学贡献6篇论文，占比100.00%，排名第一。西班牙的格拉纳达大学紧随其后，贡献5篇论文，占比83.33%，排名第二。总体来看，意大利、西班牙及其研究机构相比其他国家及机构影响力和活跃度较高。而中国的研究基础还较为薄弱，仅是参与到了其中少数的工作中，数据显示中国在浆果中主要生物活性物质功能研究领域仍处于跟跑阶段，尚未有影响面较大的引领性工作。

表6-2 "浆果中主要生物活性物质功能研究" 研究热点核心论文的 Top 产出国家和机构

排　名	国　家	核心论文（篇）	比　例（%）	排　名	机　构	核心论文（篇）	比　例（%）
1	意大利	6	100.00	1	马尔凯理工大学（意大利）	6	100.00
2	西班牙	5	83.33	2	格拉纳达大学（西班牙）	5	83.33
3	墨西哥	4	66.67	3	优内西洋大学（西班牙）	4	66.67

（续表）

排　名	国　家	核心论文（篇）	比　例（%）	排　名	机　构	核心论文（篇）	比　例（%）
4	厄瓜多尔	2	33.33	3	伊比利亚美洲大学（墨西哥）	4	66.67
				5	厄瓜多尔钦博拉索国立大学（厄瓜多尔）	2	33.33
				6	国立老年医疗和康复研究所（意大利）	1	16.67
				6	萨拉曼卡大学（西班牙）	1	16.67
				6	塞维利亚大学（西班牙）	1	16.67
				6	维戈大学（西班牙）	1	16.67
				6	马拉加维多利亚圣母大学医院（西班牙）	1	16.67

从后续引用该热点核心论文的施引论文量来看（表6-3），意大利共有80篇，占该热点总施引论文量的20.67%，排名第二位的中国紧随其后，施引论文量为67篇，占该热点总施引论文量的17.31%。西班牙和美国施引论文量相近，分别为58篇和53篇，占该热点总施引论文量的14.99%和13.70%，构成第二梯队。墨西哥、波兰和澳大利亚等6国施引论文量介于15~33篇不等，排名第五至第十位，构成第三梯队。这表明我国虽然在"浆果中主要生物活性物质功能研究"上起步较晚，但是在追赶中并处于上升状态。第一梯队国家之间与第二梯队国家之间产出论文所占比例较为接近，反映出国家间的竞争较为激烈。从施引论文产出机构来看，意大利的马尔凯理工大学最为突出，以54篇的施引论文量位列第一，占比为13.95%。在施引论文量排名前十位的研究机构中，有4家机构来自西班牙。表明在该热点研究中，西班牙的研究机构在该领域非常活跃且具有影响力，表现出较强的发展潜力和绝对优势。排名后五位机构施引论文量相当，呈现出齐头并进的激烈态势。尽管中国跻身该热点的追赶行列，但Top10机构中未有中国机构入围，显示出我国对浆果中主要生物活性物质功能研究及其开发利用等方面重要性的认识仍旧不足。

表6-3　"浆果中主要生物活性物质功能研究"研究热点施引论文的Top产出国家和机构

排　名	国　家	核心论文（篇）	比　例（%）	排　名	机　构	核心论文（篇）	比　例（%）
1	意大利	80	20.67	1	马尔凯理工大学（意大利）	54	13.95
2	中国	67	17.31	2	优内西洋大学（西班牙）	26	6.72

（续表）

排 名	国 家	核心论文（篇）	比 例（%）	排 名	机 构	核心论文（篇）	比 例（%）
3	西班牙	58	14.99	3	伊比利亚美洲大学（墨西哥）	24	6.20
4	美国	53	13.70	4	格拉纳达大学（西班牙）	21	5.43
5	墨西哥	33	8.53	5	维戈（西班牙）	13	3.36
6	波兰	23	5.94	6	厄瓜多尔美洲大学（美国）	10	2.58
7	澳大利亚	22	5.68	7	昆士兰大学（澳大利亚）	9	2.33
7	英国	22	5.68	8	伊斯坦布科技大学（土耳其）	8	2.07
9	厄瓜多尔	17	4.39	8	加利福尼亚大学（美国）	8	2.07
10	巴西	15	3.88	8	萨拉曼卡大学（西班牙）	8	2.07

7 农业信息与农业工程学科领域

7.1 农业信息与农业工程学科领域研究热点前沿概览

农业信息与农业工程学科领域 Top10 研究热点前沿中除农业机械工程热点外，其他热点前沿主要集中揭示了计算机、大数据、生物、纳米和激光遥感等技术在农业中的应用研究（表 7-1）。"农业废弃物微波热解技术"前沿、"膜生物反应器在污水处理中的应用"热点和"木质素解聚增值技术"热点主要揭示了农业废弃物资源化利用中的生物技术手段；"基于深度学习的旋转机械故障诊断技术""绿色供应链的智能决策支持技术"2个研究热点则体现了大数据技术在智能农业中的应用；"基于激光与雷达的森林生物量评估技术""基于无人机遥感的植物表型分析技术""基于多元光谱成像的食品质量无损检测技术"3个研究热点重点揭示了激光、遥感以光谱成像等技术在智能农业中的应用，其中光谱成像技术应用研究近年一直备受关注，相关研究分别也在 2015 年、2017 年和 2018年入选为研究热点前沿；此外，"微纳传感技术及其在农业水土和食品危害物检测中的应用"入选为该领域的研究前沿，同时也是本领域的重点前沿。

表 7-1 农业信息与农业工程学科领域 Top10 研究热点及前沿

序　号	类　别	研究热点或前沿名称	核心论文（篇）	被引频次	核心论文平均出版年
1	前沿	农业废弃物微波热解技术	6	297	2017.3
2	热点	膜生物反应器在污水处理中的应用	12	1 300	2016.0
3	热点	基于深度学习的旋转机械故障诊断技术	22	2 681	2015.9
4	重点热点	生物柴油在燃油发动机中的应用	19	1 598	2015.6

（续表）

序　号	类　别	研究热点或前沿名称	核心论文（篇）	被引频次	核心论文平均出版年
5	热点	基于激光与雷达的森林生物量评估技术	8	855	2015.4
6	重点前沿	微纳传感技术及其在农业水土和食品危害物检测中的应用	14	1 521	2015.3
7	热点	基于无人机遥感的植物表型分析技术	31	3 994	2015.3
8	热点	绿色供应链的智能决策支持技术	35	4 537	2015.3
9	热点	基于多元光谱成像的食品质量无损检测技术	33	2 954	2015.2
10	热点	木质素解聚增值技术	23	7 118	2014.8

从热点前沿施引文献发文量变化趋势看（图7-1），相对于其他农业领域，农业智能化技术的关注度更高，也持续时间长，"农业废弃物微波热解技术"前沿从受关注的时间上来看内容更具前瞻性。

	2013年	2014年	2015年	2016年	2017年	2018年	2019年
农业废弃物微波热解技术	0	0	0	13	31	74	92
膜生物反应器在污水处理中的应用	6	25	77	124	205	265	201
基于深度学习的旋转机械故障诊断技术	2	15	43	131	256	437	500
微纳传感技术及其在农业水土和食品危害物检测中的应用	0	3	31	88	161	199	173
生物柴油在燃油发动机中的应用	6	21	79	154	191	228	211
基于激光与雷达的森林生物量评估技术	5	23	31	69	104	144	101
基于无人机遥感的植物表型分析技术	11	87	190	305	442	556	496
绿色供应链的智能决策支持技术	22	54	200	346	520	774	627
基于多元光谱成像的食品质量无损检测技术	19	64	119	169	235	276	235
木质素解聚增值技术	20	98	301	503	673	779	735

图7-1　农业信息与农业工程学科领域研究热点前沿施引文献量的增长态势

7.2　重点前沿——"微纳传感技术及其在农业水土和食品危害物检测中的应用"

7.2.1　"微纳传感技术及其在农业水土和食品危害物检测中的应用"研究前沿概述

农业水土和食品危害物的检测是一个全球性安全问题，关乎整个生态平衡。质谱及液相色谱等传统检测技术虽然能对农业水土和食品中的有害物质进行高选择性和高灵敏度检测，但通常要对样品进行预处理，需几天时间才能获得结果，无法进行现场检测。微纳传感中的生物传感技术具有快速检测、易用性、便携性、低成本等特点，自 20 世纪 90 年代开始，逐步在农业水土和食品危害物检测中进行应用。

生物传感技术是将生物活性材料（蛋白质、DNA 及生物膜等）与物理或化学换能器相结合形成的前沿学科，是一种先进的检测和监控痕量目标物的方法，也是一种分子水平的快速微量分析方法。生物传感器包括检测目标分子的生物识别元件和将生物识别转换为可物理检测信号的组件。生物识别元件对生物传感器至关重要，其亲和力和特异性决定了传感器的性能。迄今为止，生物传感器中使用了各种各样的识别分子。与作为最常用探针的抗体相比，通过指数富集的配体系统进化产生可以折叠成特定 3D 结构并选择性结合靶分子的核酸适配体，可与金属离子、小分子、肽、蛋白质等多种靶标结合，具有体积小、稳定性高（尤其是 DNA 适体）、高结合亲和力、高特异性以及易于修饰的特点，引起了研究者的极大关注，使得基于适配体的生物传感技术取得重大进展，证明了适配体是一种多用途且有效的分子识别探针。更重要的是，适配体可修饰到纳米金、石墨烯等具有良好电化学性质、光学性质的二维材料上，使其具有不同的活性功能性基团，实现微纳材料与重金属及其他危害物的特异性结合，涌现出许多将适配体结合转化为可物理检测信号的方法（如电化学、可视化及荧光检测等）。

目前，面对实际应用中结构复杂的待测物质，缺乏高质量的适配体，筛选效率及成功率低、纳米颗粒合成困难及吸附效率差等问题，严重制约了微纳生物传感技术在农业水土和食品重金属及危害物检测中的快速发展，这些问题也成为科研人员目前重点关注及亟待解决的问题。

7.2.2 "微纳传感技术及其在农业水土和食品危害物检测中的应用"发展态势及重大进展解析

本前沿核心论文共 14 篇，主要围绕农业水土和食品危害检测领域的微纳传感技术进行研究。其在食品抗生素、重金属离子检测上取得重大进展。适配体结合表达的信号通常转化为可检测的物理信号，一般为电信号、颜色或荧光，也对应把这些物理信号的检测技术分成电化学传感技术、可视化传感技术以及荧光传感技术。

7.2.2.1 电化学传感技术

电化学传感技术是基于进入传感器的待测样品与感应元件发生电化学反应，引起与待测物质含量对应的电流或电压信号输出，实现待测物质的检测。针对传统电化学传感器存在寿命短、灵敏度低及窄量程等问题，近些年研究者们使用石墨烯、纳米金和新型碳泡沫材料对传统电化学传感器进行了改进，提升了检测灵敏度。

常温铅和镉金属离子检测方面，浙江大学生物系统工程与食品科学学院的吴坚团队在 2014 年研制了一种基于石墨烯薄膜修饰丝网印刷电极的新型电化学传感平台，在一次性铋膜电极上实现了两种离子 1.0~60.0μg/L 的宽线性量程，且分别获得铅和镉离子 0.5μg/L 及 0.8μg/L 的检出限。南京师范大学化学与材料科学学院的杨小弟课题组在 2015 年制备了 L-半胱氨酸/石墨烯修饰的玻碳电极，在优化的条件下把两种离子的检测限分别提高到 0.45μg/L 和 0.12μg/L，实现了两种离子的痕量检测。山东大学化学与化学工程学院的林猛等人在 2016 年基于植酸功能化聚吡咯/氧化石墨烯纳米复合材料，研制了一种可同时测定两种离子的电化学传感器，并提高线性量程到 5~150μg/L。同年，沈阳化工大学的郭卓团队通过在玻璃碳电极表面涂抹还原的氧化石墨烯、壳聚糖杂化基质石墨烯和壳聚糖，制备石墨烯-壳聚糖/L-赖氨酸膜修饰的玻碳电极，在实现两种离子检测的同时，还可以检测铜离子，并且分别获取了 0.01μg/L、0.02μg/L 和 0.02μg/L 的极低检测限。

高温铅和铜离子检测方面，武汉工程学院化学与环境工程学院的刘善堂课题组在 2016 年开发了一种基于新型耐高温金纳米颗粒掺杂碳泡沫材料的电化学传感器，在高温环境下实现了两种离子的检测，并分别获取了 5.2nmol/L 和 0.9nmol/L 的检测限。此外，浙江大学生物系统工程与食品科学学院王剑平等 2014 年提出了一种基于金纳米粒子点缀石墨烯修饰玻碳电极的无标签电化学适配体传感器，成功检测牛奶中的双酚 A，并获取了 5nM 检测限。上述研究团队研究工作有效提高了电化学传感器的检测灵敏度和线性量程工作范围，但是在未来的发展中，仍需对此类电化学传感方法的一致性、稳定性进行验证和改善，同时引入新型的材料，提升电化学传感器的使用寿命和检测灵敏度。

7.2.2.2 可视化传感技术

可视化传感器又称为比色传感器，通过颜色变化来检测各种各样的分析物，具有可视化、低成本、易操作、实时现场分析的特点。由于纳米金颗粒具有超高的消光系数，使得以纳米金为基础的比色反应的检测限达到纳摩尔级别。随着纳米金颗粒和适配体方法的引入，比色传感器以爆炸式方式进行发展，用于各种物质的检测，包括核酸，蛋白质，糖类，离子，有机分子及病原体。比色反应的一种方式是目标 DNA 分子诱导金纳米颗粒表面上的两条互补 DNA 链杂交，导致交联金纳米颗粒聚集，从而呈现出红色到蓝色或紫色的变化，如陕西师范大学化学化工学院张志琪研究团队在 2016 年提出了以三磷酸腺苷结合适配体为识别元件，以未修饰的金纳米粒子为探针，以控制的粒子聚集/分散为测量元件，研制了一种灵敏、选择性的三磷酸腺苷比色传感器，马什哈德医科大学 Taghdisi 等在 2016 年提出了一种基于水性金纳米颗粒和双链 DNA 的荧光猝灭和比色传感器来检测链霉素。因为显著颜色转变依赖于大量的金纳米颗粒聚集，交联和非交联金纳米颗粒为基础的比色反应都对 DNA 检测表现出中度的灵敏性，并不能满足大多数生物标记物测量灵敏度的需求。吉林大学食品科学与工程学院的孙春燕等人在 2015 年提出以半胱胺稳定的金纳米颗粒为探针，开发了一种检测生乳样品中四环素的比色适体传感器，获取了宽线性范围（0.20~2.0μg/mL）基础上，检出限达到 0.039μg/mL，用于快速检测生乳中的四环素。总体来说，由于操作程序简单、检测时间短、选择性优异等优点，比色传感技术在食品有害物质的检测中独具优势且具有很大的应用潜力。但基于这种聚集反应的检测平台仍存在一些挑战，例如变化颜色单一、灵敏度低、稳定性差、难以实现定量检测等问题，依然是今后研究需要解决的问题。

7.2.2.3 荧光传感技术

荧光传感技术是将目标物的化学信息表达成荧光信号的传感技术，信号主要以荧光强度或寿命变化进行表达。大多数传统荧光粒子带有重金属成分（如银、镉、砷等），与目标物作用后产生毒性，从而导致传统荧光生物传感器检测能力不强及稳定性差，限制了其在体内和体外的应用。近年来，为了避免重金属量子点带来的细胞毒性，寻求更安全高效的荧光材料作为生物探针已经成为重要的发展趋势。纳米技术的出现促进了荧光传感器的发展，大大提升荧光生物传感器的检测能力。近年来纳米荧光生物传感技术发展迅猛。江南大学食品科学技术学院的王周平等人在 2015 年利用上转换纳米颗粒作为荧光生物传感器测定氯霉素，显示出了对氯霉素具有较高的灵敏度和选择性，实现极低检测限的宽线性范围检测（0.01~1ng/mL），为食品有害物的检测提供了有力的技术支撑。尽管纳米荧光生物传感技术在选择性检测有毒金属离子、抗生素、蛋白质等物质取得了丰硕成果，但如何提升纳米荧光生物传感器的灵敏度、选择性、生物相容性及检测范围仍是当前研究前沿及主要研究方向。

7.2.3 "微纳传感技术及其在农业水土和食品危害物检测中的应用"发展趋势预测

通过分析"微纳传感技术及其在农业水土和食品危害物检测中的应用"研究前沿的核心文献和施引文献发现，最近几年微纳传感技术在农业水土和食品危害物检测基础理论研究与实际应用研究方面取得了一系列重要进展和突破。针对危害物特异性识别的适配体的种类及数量逐年增加，涉及的检测对象也不断增多，据此判断，基于核酸适配体及纳米材料的微纳传感技术在未来 10~20 年内将在高灵敏、高效率探测农业水土和食品危害物检测中扮演更加重要的角色。

随着适配体制备技术的逐渐成熟，适配体的稳定性及筛选的重复性得到提高，可适用的适配体种类大幅度增加，微纳传感技术检测的目标对象将越来越广，同时也将涉及更多病状表征、活体检测等研究领域。针对电化学传感技术，新颖有效的电极材料以及提升电化学传感器的使用寿命和检测灵敏度是主要关注的重点。对于可视化传感技术，需研发更为有效的纳米颗粒作为信号报告物质，提高比色传感器灵敏度。而减小制备时间、拓展应用范围、提高检测可重复性则是荧光传感技术未来的发展趋势。总而言之，复杂环境中抗干扰能力差、稳定且好用的适配体种类少、研究成本较高等关键问题，将是下一步微纳传感技术研究及应用的重要研究方向。

7.2.4 "微纳传感技术及其在农业水土和食品危害物检测中的应用"研究前沿 Top 产出国家与机构文献计量分析

从该前沿核心论文的 Top 产出国家来看（表7-2），中国共有 12 篇，占核心论文总量的 85.71%，遥遥领先于其他国家。其次是美国，核心论文量为 2 篇，占总量的 14.29%。澳大利亚、加拿大、印度以及伊朗分别贡献了 1 篇核心论文，分别占总量的 7.14%。从核心论文产出机构来看，排名前两位的机构一共有 26 家，其中 16 家来自中国，3 家来自伊朗，3 家来自澳大利亚，2 家来自美国，其余 2 家来分别来自加拿大和印度。上述统计结果表明，中国及其研究机构具有较高影响力和活跃度，具有比较明显的竞争优势。

表 7-2 "微纳传感技术及其在农业水土和食品危害物检测中的应用"研究
前沿核心论文的 Top 产出国家和机构

排 名	国 家	核心论文（篇）	比 例（%）	排 名	机 构	核心论文（篇）	比 例（%）
1	中国	12	85.71	1	浙江大学（中国）	2	14.29
2	美国	2	14.29	2	中南大学（中国）	1	7.14
3	澳大利亚	1	7.14	2	中国农村技术开发中心（中国）	1	7.14
3	加拿大	1	7.14	2	大连大学（中国）	1	7.14
3	印度	1	7.14	2	迪肯大学（澳大利亚）	1	7.14
3	伊朗	1	7.14	2	马什哈德菲尔多西大学（伊朗）	1	7.14
				2	杭州电子科技大学（中国）	1	7.14
				2	江南大学（中国）	1	7.14
				2	江苏省农业科学院（中国）	1	7.14
				2	江苏大学（中国）	1	7.14

（续表）

排　名	国家	核心论文（篇）	比　例（%）	排　名	机　　构	核心论文（篇）	比　例（%）
				2	吉林大学（中国）	1	7.14
				2	马什哈德医科大学（伊朗）	1	7.14
				2	南京师范大学（中国）	1	7.14
				2	南京大学（中国）	1	7.14
				2	伊朗科学和技术研究组织（伊朗）	1	7.14
				2	萨斯特拉大学（印度）	1	7.14
				2	陕西师范大学（中国）	1	7.14
				2	山东大学（中国）	1	7.14
				2	沈阳化工大学（中国）	1	7.14
				2	哈尔滨工业大学（中国）	1	7.14
				2	阿肯色大学（美国）	1	7.14
				2	墨尔本大学（澳大利亚）	1	7.14
				2	新南威尔士大学（澳大利亚）	1	7.14
				2	佛罗里达州立大学（美国）	1	7.14
				2	滑铁卢大学（加拿大）	1	7.14
				2	武汉工程大学（中国）	1	7.14

　　从后续引用该前沿核心论文的施引论文量来看（表7-3），中国共有685篇，占该前沿施引论文总量的53.60%，远远超过其他国家，成为该前沿的第一梯队。其次为是美国，共有135篇，占总量的10.56%。紧接着是伊朗和印度，分别有107篇和102篇，占总量的8.37%和7.98%。这3个国家构成了该前沿的第二梯队。韩国、澳大利亚、法国、加拿大、英国及和西班牙的施引论文数量均小于50篇，构成该前沿的第三梯队。在该前沿施引论文量排名前九位的10家机构中，有8家来自中国，另外两家来自伊朗。其中，中国科学院以89篇施引文献遥遥领先于其他机构。以上分析可以说明，在该前沿研究中，中国及其研究机构具有较强发展潜力，占据绝对优势。

表 7-3 "微纳传感技术及其在农业水土和食品危害物检测中的应用"
研究前沿施引论文的 Top 产出国家和机构

排 名	国 家	施引论文（篇）	比 例（%）	排 名	机 构	施引论文（篇）	比 例（%）
1	中国	685	53.60	1	中国科学院（中国）	89	6.96
2	美国	135	10.56	2	马什哈德医科大学（伊朗）	38	2.97
3	伊朗	107	8.37	3	济南大学（中国）	28	2.19
4	印度	102	7.98	4	中国农业大学（中国）	25	1.96
5	韩国	48	3.76	5	伊朗科学和技术研究组织（伊朗）	24	1.88
6	澳大利亚	36	2.82	6	中南大学（中国）	23	1.80
7	法国	31	2.43	6	宁波大学（中国）	23	1.80
8	加拿大	30	2.35	8	中国科学技术大学（中国）	22	1.72
9	英国	28	2.19	9	湖南大学（中国）	20	1.56
10	西班牙	24	1.88	10	江南大学（中国）	19	1.49

7.3 重点热点——"生物柴油在燃油发动机中的应用"

7.3.1 "生物柴油在燃油发动机中的应用"研究热点概述

所谓生物柴油（Biodiesel）是指以各类动植物油脂、废弃油脂和微生物油脂为原料，与短链醇甲醇（或乙醇）通过酯化、酯交换反应或加氢裂化工艺而制备成的生物质能源。目前生物柴油的主要原料包括棕榈油、豆油、菜籽油、餐厨废弃油脂以及其他动植物油等。生物柴油是典型的清洁可再生液体能源，大力发展生物柴油对经济可持续发展，推进能源替代，减轻环境污染压力，控制城市大气污染具有重要的战略意义。

生物柴油具有十六烷值高、润滑性能好、闪点高、储存和运输安全等特点，可与石化柴油任意比例调和使用（例如，掺混 10%、20%，分别记为 B10、B20）或完全代替石化柴油，不同国家根据自身情况设定了相应的掺混标准。生物柴油在国际上被公认为是传统柴油的最佳替代燃料，兼具环境友好性、无毒、可再生及针对燃油发动机的快速适用性（即发动机无须做改造），有望真正实现"种植石油"。目前全球很多国家已经采取多种政策来推进生物柴油的使用，生物柴油是未来最具发展潜力的大宗生物基液体燃料。

生物柴油的研究最早是从 20 世纪 70 代开始的。美国、德国、法国等相继成立了专门的生物柴油研究机构，投入大量的人力、物力。到了 20 世纪 90 年代，随着环境保护和石油资源枯竭两大难题越来越被关注，尤其在美国，生物柴油已成为绿色新能源研制和开发的热点，引发政府的高度重视。各国政府通过资金支持、税收优惠、市场试点、法规推进等手段，使生物柴油迅速成为新经济产业的亮点。

7.3.2 "生物柴油在燃油发动机中的应用" 发展态势及重大进展分析

本热点核心论文共 19 篇，主要集中讨论了不同种类长链醇与生物柴油进行混合或者添加纳米颗粒对生物柴油的理化特性及其在发动机上应用时的燃烧性能和排放特性的影响。其中 12 篇论文主要分析了生物柴油与各类长链醇（丁醇、戊醇、环己醇、辛醇等）进行混合，对生物柴油发动机燃烧性能和排放特性的影响，其他 5 篇主要分析了纳米颗粒添加剂（金属、非金属、有机物及混合物等）对生物柴油发动机燃烧性能和排放特性的影响。研究表明，生物柴油在燃油发动机上应用时，通过与各类长链醇配比形成混合燃料或者添加纳米颗粒添加剂，可以进一步提升生物柴油的能量密度，改善生物柴油的喷射雾化效果和燃烧时的催化氧化作用，使生物柴油燃料更加充分，从而降低燃油消耗率。同时，良好的燃油雾化和高十六烷值，对于进一步提升生物柴油发动机的排放特性，特别是 HC、CO 和 NO_x 排放，具有正面促进作用。

7.3.2.1 长链醇对生物柴油的燃烧和排放性能影响

长链醇指的是含有四碳或五碳的直链醇或支链醇，如丁醇、异丁醇、异戊醇、活性戊醇等。相比于甲醇和乙醇，长链醇具有更高的能量密度和十六烷值，较低的黏性和汽化潜热。更重要的是，长链醇能与传统柴油及生物柴油进行良好混溶，不需要额外添加乳化剂来保证良好的混溶性。

生物柴油与石化柴油组分的主要差别在于氧含量，石化柴油的氧含量为零，而生物柴油则含 10%~12%（质量）的氧，这使得生物柴油的能量密度有所降低，同时还容易导致生物柴油发动机的 NO_x 排放相对传统柴油机有所上升。此外，与传统柴油相比，纯生物柴油或者生物柴油与传统柴油的混合燃料具有较高的黏度，给生物柴油发动机带来管路堵塞、低温燃烧性能降低、燃烧室局部积碳等问题。

针对上述问题，近年来，大量学者开始通过在生物柴油中掺混不同比例的长链醇，主要包括丁醇、戊醇、辛醇、己醇、丙醇等，来分析生物柴油掺混长链醇后对发动机燃烧性能和排放特性的影响规律。其中，希腊雅典国立技术大学的拉克普洛斯（D.C.Rako-poulos）和美国新墨西哥矿业与科技学院的纳迪尔·科克马兹（Nadir Yilmaz）带领的研究团队在该领域做了大量研究工作。其他还包括印度杰皮亚尔理工学院、土耳其陆军士官职业学院等也取得了相关研究成果。例如，针对餐厨废弃油脂提炼的生物柴油掺混20%（体积）丁醇的研究表明，纯生物柴油掺混长链丁醇后，混合燃料的黏度、密度和热值相比于纯生物柴油得到降低，这有利于改进生物柴油的喷油雾化效果和发动机缸内燃烧，降低滞燃期，使得 NO_x 排放和发动机排温得到降低，但是 CO 和 HC 的排放相比纯生物柴油有所增加。印度威尔理工大学的研究者对纯麻花油生物柴油掺混长链辛醇的排放性能进行了研究。结果显示在 20% 的辛醇比例下，该混合燃料的 CO、HC 和 NO_x 排放相比于纯生物柴油均得到了 5%~7% 不同程度的降低，这对生物柴油的排放性能改进提供了有意义的方向。

目前，汽油添加短链乙醇作为发动机的燃料已经取得了较大规模应用，具有一定经济和环保价值。当前生物柴油主要还是以小比例（低于20%）与传统柴油掺混的形式作为燃油发动机燃料使用，在一定程度上起到部分替代传统柴油的作用。12 篇核心文献详细阐述了生物柴油与长链醇掺混使用后发动机燃烧性能和排放特性的变化。目前的研究热点主要集中在纯生物柴油与长链醇的掺混使用效能研究，这两种能源均为生物质能源，具备良好的清洁可再生优势，是未来完全替代传统柴油燃料最佳能源组合形式，因此得到了相关研究者的密切关注和探索。

7.3.2.2 纳米流体对生物柴油的燃烧和排放性能影响

在生物柴油中添加纳米颗粒以提升其理化特性和反应活性，是当前优化纯生物柴油燃烧性能和排放特性的另一个极具创新性并具有很大潜力的技术手段。同时，随着纳米科学和纳米材料制备工艺的不断进步和发展，日益引起科研人员的关注。

纳米颗粒添加剂可分为金属（Al、Ce、Mn、Zn、Cu 和 Ti 的氧化物）、非金属（石墨烯、碳纳米管）、有机物和混合物等几种。其中，金属氧化物纳米颗粒由于其具备经济、制备工艺成熟和未来发展潜力良好等特性，得到了更为广泛的研究。纳米颗粒以纳米流体的形式与生物柴油进行掺混。纳米流体的主要制备方法分为一步法和两步法。制备好的纳米颗粒尺寸一般为 10~100nm，纳米流体在生物柴油中的掺混比例一般为 10~300mg/kg。金属氧化物纳米流体的添加提高了发动机燃烧室内生物柴油与氧气的燃烧反应程度，同时还会产生羟基自由基来提高碳烟的继续氧化，有利于燃料的充分、完全燃烧，并降低 HC 和 CO 的排放。同时纳米颗粒的添加还有利于改进生物柴油的黏度、雾化特性和缩短柴油发动机滞燃期等作用，同时有利于 NO_x 排放的降低。大部分的研究都表明生物柴油添加纳米颗粒后，有利于降低发动机燃油消耗率，同时有利于降低有害的 HC、CO 和碳烟排放。但 NO_x 的排放还跟生物柴油类别和纳米颗粒种类有关，并不总是能够得到有效降低。

印度在生物柴油的金属氧化物纳米颗粒改性研究领域处于领先地位。不同类型的金属氧化物纳米颗粒（主要包括 TiO_2 和 Al_2O_3）在包括腰果油、楝树油及芥子油等在内的生物柴油中被进行了大量试验研究。印度萨提亚巴马大学的斯密·基肖尔（P. Amith Kishore）等人针对芥子生物柴油，采用 TiO_2 纳米颗粒作为添加剂，研究了对发动机的燃烧性能和排放特性影响。结果显示，添加了 TiO_2 纳米流体的介子生物柴油在所测试的所有工况条件下，HC、CO 和碳烟的排放均得到有效降低，但是 NO_x 的排放量有所升高。

总体上，金属氧化物纳米流体对生物柴油主要起到正面的改性作用，但是在单个的排放指标上还存在一定的负面影响。适用于生物柴油改性的纳米颗粒的研究工作仍处于不断地探索中，纳米流体给生物柴油所带来的燃料长期保存的稳定性和纳米颗粒的活性、对发动机零部件磨损和腐蚀作用、对大气环境带来的潜在重金属污染可能性等问题，还需要更为长久和广泛地试验研究、验证。

7.3.2.3 生物柴油规模化应用需解决的问题

尽管生物柴油可以在不对发动机做较大调整下直接应用，但是由于生物柴油是饱和脂肪酸甲酯和不饱和脂肪酸甲酯组成的混合物，与柴油有一定的差别，因此生物柴油的规模化应用必然需要对发动机可靠性、燃烧与排放优化，以及生产和使用生物柴油的经济性等问题进行深入研究，因此生物柴油应用到柴油机上仍然有一些关键问题有待解决。

当前，可以用作制备生物柴油的农作物原料已经达到 300 多种，每种原料制备的生物柴油仍然存在成分和理化性质上的差异。与传统柴油相比，生物柴油具有高黏度和富氧特性。特别是一些有毒残留物的存在（如甲醇），导致发动机的燃烧性能和排放物仍不尽如人意，需要继续研究并寻找有效的生物柴油改性方法和材料，以提升发动机的可靠性和燃烧、排放特性。生物柴油中不同甲酯的分子结构包括碳链长度、双键个数，以及不同醇类制备所形成的支链结构，它们会对发动机燃烧排放产生影响。生物柴油可以降低颗粒物排放（质量浓度），但是对于颗粒物数量浓度的影响还有待深入探讨。

废弃油脂是我国生物柴油产业重要的原料来源。2018 年我国生物柴油产量首次突破 100 万 t，达到 103 万 t，其中出口量 31 万 t。总体来看，我国生物柴油的技术研究状况良好，生物柴油的相关发动机燃烧、排放试验和改性方法已经受到越来越多的关注，但相关的产业化发展促进政策还需要进一步推进和完善。

7.3.3 "生物柴油在燃油发动机中的应用" 发展趋势预测

生物柴油是一种绿色生物质能源，具备良好的清洁可再生特点。当前，生物质能源已经成为领先风能和太阳能的全球第一大可再生能源品种。到 21 世纪中叶，将很可能进一步成为全球第一大能源品种。生物基材料是不可再生化工原料唯一的替代途径。生物质及生物柴油利用关键技术一旦取得突破，能源不可再生的威胁、生物柴油与粮食安全的矛盾以及生物柴油产业规模限制等问题都将迎刃而解。

除了当前已经被广泛应用的生物柴油原料，以木质纤维素为原料，大规模、高效率、低成本地生产生物质油，是对常规化石运输燃料应用体系的颠覆，是一种潜在的生物质能源颠覆技术。一旦取得技术突破，未来将使生物柴油产品具有较强的经济竞争力，大规模进入市场后将带来巨大的市场价值，对国际能源态势造成战略性影响。

另外，基于纳米流体添加剂的生物柴油改性研究仍然处在初期，纳米流体对生物柴油改性所带来的长期影响效应，包括生物柴油本身稳定性、纳米流体活性、发动机可靠性及大气环境影响等，还需要更为细致和充分的试验验证。同时，非金属的碳基纳米流体（碳纳米管、石墨烯）对生物柴油的改性作用和影响规律也是重要的未来研究方向，有可能对生物柴油的发展带来更为广阔的想象力。

7.3.4 "生物柴油在燃油发动机中的应用"研究热点 Top 产出国与机构文献计量分析

从该热点核心论文 Top 产出国家和机构来看（表 7-4），印度共有 6 篇，占核心论文总量的 31.58%，领先于其他国家。其次是希腊、土耳其和美国，核心论文量均为 4 篇，各占总量的 21.05%。从核心论文产出机构看，排名前三位的 7 家机构中有 4 家来自印度，其他分别来自希腊、土耳其和美国。上述统计结果表明，在该热点中，印度、希腊、土耳其、美国及其研究机构具有较高影响力和活跃度，属于第一梯队，具有比较明显的竞争优势。

表 7-4　"生物柴油在燃油发动机中的应用"研究前沿核心论文的 Top 产出国和机构

排　名	国　家	核心论文（篇）	比　例（%）	排　名	机　构	核心论文（篇）	比　例（%）
1	印度	6	31.58	1	雅典国立技术大学（希腊）	4	21.05
2	希腊	4	21.05	1	土耳其陆军（土耳其）	4	21.05
2	土耳其	4	21.05	3	Jeppiaar 技术研究所（印度）	3	15.79
2	美国	4	21.05	3	新墨西哥矿业与科技学院（美国）	3	15.79
5	马来西亚	2	10.53	3	Sathyabama 科学技术研究所（印度）	3	15.79
5	阿联酋	2	10.53	3	斯里文卡泰斯瓦拉大学（印度）	3	15.79
7	中国	1	5.26	3	威尔理工大学（印度）	3	15.79

（续表）

排 名	国 家	核心论文（篇）	比 例（%）	排 名	机 构	核心论文（篇）	比 例（%）
7	约旦	1	5.26	8	哈利法科技大学（阿联酋）	2	10.53
7	沙特阿拉伯	1	5.26	8	马来亚大学（马来西亚）	2	10.53
				10	巴勒克埃西尔大学（土耳其）	1	5.26
				10	德克利亚空军基地（希腊）	1	5.26
				10	约旦科技大学（约旦）	1	5.26
				10	沙特国王大学（沙特）	1	5.26
				10	新墨西哥州立大学（美国）	1	5.26
				10	帕尼马拉工程学院（印度）	1	5.26
				10	SRM大学（印度）	1	5.26
				10	清华大学（中国）	1	5.26
				10	伊利诺伊大学（美国）	1	5.26
				10	马来西亚大学（马来西亚）	1	5.26

从后续引用该热点核心论文的施引论文量来看（表7-5），印度共有269篇，占该热点施引论文总量的29.66%，中国共有205篇，占总量的22.60%，这两个国家领先于其他国家。马来西亚排名第三，有80篇文献。核心论文排名靠后的中国和马来西亚，其施引文献产出量排名分别为第二和第三，表明中国和马来西亚在该领域研究已经开始活跃。土耳其和美国分别位列第四和第五，依然保持较大的竞争优势。在施引论文量排名前十的10家机构中，有5家来自印度，表明在该热点研究中，印度及其研究机构仍然占据绝对优势，并具有较强的发展潜力。

表7-5 "生物柴油在燃油发动机中的应用"研究前沿施引论文的Top产出国和机构

排 名	国 家	施引论文（篇）	比 例（%）	排 名	机 构	施引论文（篇）	比 例（%）
1	印度	269	29.66	1	马来亚大学（马来西亚）	36	3.97
2	中国	205	22.60	2	印度维尔特克科技大学（印度）	35	3.86
3	马来西亚	80	8.82	3	天津大学（中国）	31	3.42
4	土耳其	73	8.05	4	马来西亚彭亨大学（马来西亚）	27	2.98

（续表）

排　名	国　家	施引论文（篇）	比　例（%）	排　名	机　构	施引论文（篇）	比　例（%）
5	美国	55	6.06	5	斯里文卡泰斯瓦拉大学（印度）	24	2.65
6	澳大利亚	37	4.08	6	萨提亚巴马大学（印度）	23	2.54
7	加拿大	24	2.65	7	印度政府工程学院（印度）	21	2.32
7	希腊	24	2.65	8	江苏大学（中国）	20	2.21
7	伊朗	24	2.65	8	上海交通大学（中国）	20	2.21
10	英国	22	2.43	8	印度韦洛尔科技大学（印度）	20	2.21

林业学科领域

8.1 林业学科领域研究热点前沿概览

　　林业学科领域 Top6 研究热点主要集中揭示树种培育与森林生态 2 个方向的研究（表 8-1）。树种培育方向包括"森林植物多样性的驱动和作用机制"和"混交林多样性稳定性与产量的相互关系"2 个研究热点。森林生态方向主要包括"干扰对森林生态系统的影响""气候变化和海平面上升对红树林分布区及种群结构的影响"2 个研究前沿，以及"全球气候及环境变化对森林生态系统的影响"和"CO_2 浓度升高对森林水分利用效率的影响"2 个研究热点，下文对"干扰对森林生态系统的影响"研究前沿进行了深入的内容解读。

表 8-1　林业学科领域 Top6 研究热点及前沿

序　号	类　别	研究热点或前沿名称	核心论文（篇）	被引频次	核心论文平均出版年
1	重点前沿	干扰对森林生态系统的影响	11	808	2016.7
2	热点	森林植物多样性的驱动和作用机制	6	776	2015.8
3	热点	混交林多样性稳定性与产量的相互关系	19	1 700	2015.6
4	前沿	气候变化和海平面上升对红树林分布区及种群结构的影响	10	991	2015.6
5	热点	全球气候及环境变化对森林生态系统的影响	15	2 778	2015.3
6	热点	CO_2 浓度升高对森林水分利用效率的影响	6	984	2013.8

从热点前沿施引文献发文量变化趋势看（图8-1），相对于其他农业领域，林业学科领域近期高关注的前瞻性研究相对较少，"全球气候及环境变化对森林生态系统的影响"是关注度最高，且持续时间较久的研究热点之一。

	2013年	2014年	2015年	2016年	2017年	2018年	2019年
干扰对森林生态系统的影响	0	4	23	49	135	193	169
森林植物多样性的驱动和作用机制	0	15	64	93	117	184	148
混交林多样性稳定性与产量的相互关系	12	36	74	112	209	262	207
气候变化和海平面上升对红树林分布区及种群结构的影响	0	15	50	75	100	116	125
全球气候及环境变化对森林生态系统的影响	2	29	95	318	425	556	427
CO_2浓度升高对森林水分利用效率的影响	14	66	93	148	143	162	123

图8-1　林业学科领域研究热点前沿施引文献量的增长态势

8.2　重点前沿——"干扰对森林生态系统的影响"

8.2.1　"干扰对森林生态系统的影响"研究前沿概述

森林是陆地生态系统的主体，其面积仅占全球陆地面积30%，却集中了70%以上的物种，储存了80%以上陆地地上碳储量，在全球生态系统中发挥举足轻重的作用。近百年来，由于人类社会生产活动的影响，造成极端气候事件频发，对森林生态系统结构与功能造成严重影响。据统计，全球大约拥有40亿公顷的森林，其中每年约5%的森林遭受各种干扰影响。

进入21世纪以来，全球经济发展速度日新月异，但森林干扰事件发生频率相比20世纪后半叶显著增加。初步统计，21世纪头十年的欧洲森林每年遭受台风、小蠹虫、火等干扰的蓄积量分别为$32.3 \times 10^6 \, m^3$、$14.5 \times 10^6 \, m^3$以及$9.4 \times 10^6 \, m^3$，受损蓄积量比1971—1980年分别提高了139.6%、601.9%及231.1%，表明人类不合理的生产活动、极端气候事件频发导致森林干扰加剧，造成森林质量下降、生态系统退化。2019年夏天，"地球之肺"亚马孙雨林的大火引起了全世界的关注。截至2019年8月24日，巴西国家空间研究所探测该地区2019年的火灾数量超过41 000起，而2018年的火灾数量仅为22 000起，研究人员认为森林采伐是造成这些火灾的最主要原因。因此，干扰对森林生态系统主要生态过程的影响，已成为林学研究领域的国际前沿。

综上所述，干扰事件的频繁发生对全球和区域森林生态系统有着不容忽视的影响。随着生态学理论和技术的发展，研究人员利用长期定位观测、野外控制实验、碳通量观测、大尺度遥感反演、模型模拟等手段，深入研究了各种干扰对森林生态系统结构与功能的影响及其机制。然而，如何将干扰对森林生态系统影响的研究理论用于指导森林经营与管理，有效缓解干扰对森林生态质量的影响，将是未来研究应该着重关注的问题。

8.2.2 "干扰对森林生态系统的影响"发展态势及重大进展分析

本研究前沿的 11 篇核心论文主要围绕极端气候、火、病虫害以及砍伐等主要干扰类型，重点探讨其对森林生态系统的影响。

8.2.2.1 极端气候事件对森林生态系统的影响

近年来，极端气候事件（台风、干旱、极端降水、极端高温和极端低温）发生频率增加，对森林生态系统生物多样性和固碳能力等结构和功能以及人类社会生产生活造成严重影响。据联合国粮农组织（FAO）统计，2003—2012 年全球每年平均约有 3 843 万 hm^2 森林受到极端气候事件的影响。

干旱是当前陆地生态系统碳汇功能的重要胁迫因子，对生态系统生产力和呼吸都存在抑制作用。但生产力对干旱的敏感性一般高于呼吸对干旱的敏感性，从而导致森林生态系统碳汇功能显著削弱，甚至使之变成碳源。英国埃克塞特大学和利兹大学全球变化研究团队对通过监测亚马孙热带雨林生物量发现，经历 2010 年极端干旱，其生物量平均水平相比 2000—2010 年降低了 1.95mg/（$hm^2 \cdot a$），其原因是树木死亡增加［1.45mg/（$hm^2 \cdot a$）］和林分生产力降低［0.50mg/（$hm^2 \cdot a$）］。瑞士大气和气候研究所 Zscheis-chler 等利用 10 种生态系统模型，估算得出过去 30 年干旱导致全球陆地生态系统碳储量每年净减少 8.3%（0.19Pg）。澳大利亚麦考瑞大学 Zeppel 等研究表明，在干旱地区，极端降水导致森林土壤水分增加，从而提高森林生态系统生产力和碳积累。而在湿润地区，极端降水不利于森林生态系统生产力和固碳功能。葡萄牙里斯本大学 Bastos 等研究发现，在 2010 年俄罗斯西部的高温热浪事件中，生态系统生产力下降，同时植被呼吸增加。相对于单一的热浪事件，极端高温与干旱的协同作用会加剧植被生产力下降，从而加剧生态系统碳流失。

碳循环是驱动陆地生态系统变化的关键过程。准确理解和评估极端气候事件对森林生态系统碳循环的影响，能为人类社会减缓和适应气候变化提供重要科学依据。

8.2.2.2 火灾对森林生态系统的影响

据 FAO 统计，2003—2012 年期间全球每年平均约有 1.7% 森林受到火灾的严重影响，火灾引起的森林碳排放约占全球碳排放的 5.8%。火灾不仅能够直接把森林有机物质分解成无机物质、水蒸气和 CO_2，增加温室气体排放，还间接改变生产力，影响植被结构和组成、土壤性质以及养分过程，从而影响森林生态系统的碳循环。

巴西国家空间研究所有关学者研究发现，2015 年亚马孙干旱导致的森林过火面积达近 80 万 km²，由此引起的碳排放达 989±504Tg CO₂，并建议政府在制定相关减排政策时需要考虑森林火干扰的影响。奥地利维也纳自然资源与生命科学大学 Rupert Seidl 等发现过去 40 年森林火灾造成欧洲森林损失量为 9.4×10⁶ m³/a。中国科学院大气物理所 Xu Yue 和英国埃克塞特大学 Nadine Unger 等根据模型估算 2002—2011 年全球陆地生态系统由于森林火灾造成 GPP 损失达 0.86±0.74Pg C/a。

火灾后植被冠层被破坏或者被完全去除，使太阳辐射能量透过冠层到达地表，火灾后地表热能也直接传递到土壤，导致土壤温度升高促进土壤呼吸，增加碳释放。加拿大曼尼托巴大学 Amiro 等利用涡度相关法发现受火灾干扰 10 年内北美森林土壤为碳源，以后才变为碳汇。而英国牛津大学 Berenguer 等利用 GLMMs 模型研究表明，火灾干扰后亚马孙森林土壤碳密度与未受火灾干扰森林土壤碳密度相差不大，这可能是由于热带温度本地值较高，火灾引起的土壤温度上升并未促进土壤微生物分解作用和土壤碳释放。

8.2.2.3　病虫害对森林生态系统的影响

病虫害干扰会扰乱林木的光合与蒸腾作用，影响林木碳水化合物和养分的传递，逐渐引起林木损伤与死亡。

在全球尺度下，虫害是破坏力最强的生物干扰类型，每年损害数千万公顷森林，其干扰面积是病原干扰的 7 倍。2016 年，加拿大萨斯喀彻温的 100 年生美国山杨林（*Populus tremuloides*）遭受食叶天幕毛虫（*Malacosoma disstria* Hübner）为害，冠层叶片所剩无几，显著降低了该森林的净生态系统生产力。瑞典环境科学研究院与瑞典农业科技大学研究团队发现挪威云杉林遭小蠹虫为害 5 年后，林地土壤水中的硝态氮浓度显著增加、pH 值降低，这与受害林木减少氮需求、大量死根、地上部凋落物被矿化有关。

病原主要为真菌、细菌以及其他的微生物，会伴随着昆虫取食侵入林木的根系、树干以及叶片，导致林木出现病症。目前，森林病原干扰强度大、范围广的是焦枯病。西班牙自然与农业生物研究所调查了欧洲栓皮栎焦枯病（*Phytophthora cinnamomi*）对两种地中海森林（林地与郁闭森林）生物地球化学循环（碳、氮、磷）的影响，结果揭示了焦枯病降低了森林土壤呼吸及磷有效性，而森林内的氮有效性规律取决于森林类型。研究还发现该焦枯病对森林影响的年内变化较年际间变化更为明显。

奥地利维也纳自然资源与生命科学大学等研究机构认为随着极端气候变化事件的频繁增加，全球森林病虫害干扰的发生频率与强度也随之增加。越来越多研究关注森林环境因子（如温度、水分、光照等）与病虫害交互作用，真实反映病虫害干扰的爆发机制、作用强度，为森林管理部门提供行之有效的病虫防治措施。

8.2.2.4 采伐对森林生态系统的影响

砍伐不仅能通过减少植被物种数和生物量而直接改变森林生态系统结构与功能，还能通过影响土壤养分循环、微生物群落活性与组成、动物行为等间接影响森林生态系统。

2007—2010 年南非森林被大量砍伐，17% 的林地退化，地上生物量减少 55%，相当于每年减少 0.075Pg 的森林碳储量，导致森林固碳能力显著下降。英国阿伯丁大学等机构分析了婆罗洲 284 种植物的 32 个理化特征对砍伐的响应，结果表明砍伐迹地的植被类型表现出较强的碳捕获与生长能力（如高光合作用、高叶片氮含量与叶绿素含量等），然而其防御能力明显下降（如低枝条密度和低纤维素含量等），这种植被结构与组成的改变将显著影响森林生态系统的功能。

大面积森林砍伐会导致景观破碎化，破坏动物栖息地，影响动物传粉和种子传播，雌雄同株的植物或将变成这种破碎环境下的优势物种。巴西和澳大利亚学者分析了 20 个巴西热带雨林砍伐迹地的植被群落特征，发现砍伐严重干扰了植物开花周期、繁殖策略以及动物传播行为，强调了森林景观破碎化对植物繁殖和种子传播的影响。在区域尺度上，森林砍伐则主要通过增加环境的均质化而减少地上和地下生物多样性。然而，来自德国巴伐利亚森林国家公园的 Simon Thorn 认为打捞伐木能维持区域森林植被多样性，在森林保护区内起着重要的廊道和缓冲作用，可作为森林经营的主要策略。

综上所述，砍伐对森林生态系统的影响随砍伐强度、砍伐面积和森林类型的变化而变化，需加强不同时空尺度上砍伐对森林生态系统的干扰及其影响因子的系统分析，这也是该领域的研究热点和难点。

8.2.3 "干扰对森林生态系统的影响"发展趋势预测

在全球气候变化背景下，干扰事件的频发给森林生态系统和人类社会带来了很大影响。目前研究普遍表明，干扰通常会胁迫植被生长和改变环境条件，从而削弱森林生态系统维持生物多样性和碳汇等方面的功能。但是，不同干扰对森林生态系统结构和功能的影响以及响应机理存在显著差异，不同研究的结论尚存在较大争议和不确定性。

未来研究中加强极端气候事件对碳循环影响的观测和机理研究，尤其需要重点关注极端气候事件的长期生态系统效应和在不同时间尺度上的作用机理，并发展基于多数据、多途径的多尺度集成研究，以提高模型模拟和预测未来气候变化下森林生态系统碳循环响应的能力。此外，气候变暖对森林有害昆虫的生长、繁殖等影响仍不清楚，而昆虫的天敌在应对气候变化的物候响应更值得在未来的研究中深入探究。不同砍伐类型对森林生态系统的影响存在较大差异，是否能通过合理的砍伐措施来实现森林的可持续经营尚不明确，仍需更多的研究探索。

8.2.4 "干扰对森林生态系统的影响"研究前沿 Top 产出国家与机构文献计量分析

从前沿核心论文排名来看（表8-2），奥地利在"干扰对森林生态系统的影响"研究前沿中做出了重要贡献，产出了8篇核心论文，占比72.73%，排名第一，8篇核心论文均产自维也纳自然资源与生命科学大学。排名第二的是捷克和斯洛文尼亚，各贡献了6篇核心论文，占比均为54.55%，捷克生命科学大学和卢布尔雅那大学是核心论文的主要产出机构。其次是德国贡献了45.45%的核心论文，意大利紧随其后贡献了36.36%的核心论文。芬兰、斯洛伐克、瑞士、美国和波兰依次进入前十。该前沿排名前十的机构主要来自欧洲，说明该研究前沿受到了欧洲国家的广泛关注，欧洲地区在这方面的研究具有较好的基础和实力。

表8-2 "干扰对森林生态系统的影响"研究前沿核心论文的 Top 产出国家和机构

排 名	国 家	核心论文（篇）	比 例（%）	排 名	机 构	核心论文（篇）	比 例（%）
1	奥地利	8	72.73	1	维也纳自然资源与生命科学大学（奥地利）	8	72.73
2	捷克	6	54.55	2	捷克生命科学大学（捷克）	6	54.55
2	斯洛文尼亚	6	54.55	2	卢布尔雅那大学（斯洛文尼亚）	6	54.55
4	德国	5	45.45	4	都灵大学（意大利）	4	36.36
5	意大利	4	36.36	5	克拉克大学（美国）	3	27.27
6	芬兰	3	27.27	5	瑞士联邦理工学院（瑞士）	3	27.27
6	斯洛伐克	3	27.27	7	巴伐利亚森林国家公园（德国）	2	18.18
6	瑞士	3	27.27	7	奥地利环境部（奥地利）	2	18.18
6	美国	3	27.27	7	欧洲森林研究所	2	18.18
10	波兰	2	18.18	7	林业委员会（英国）	2	18.18
				7	兹沃伦技术大学（斯洛伐克）	2	18.18

从施引论文 Top 产出国家来看（表8-3），美国贡献了156篇该前沿核心论文的施引量，占比26.71%，远超其他国家，稳居第一名。其中美国林业局是美国施引论文的主要产出机构，贡献了32篇施引论文。德国施引论文量为116篇，占比19.86%，排名第二，

其中巴伐利亚森林国家公园、弗莱堡大学以及慕尼黑工业大学分别贡献了 29 篇、27 篇和 23 篇施引论文，是德国施引论文的主要产出机构。奥地利贡献施引论文 94 篇，占比 16.10%，排名第三，维也纳自然资源与生命科学大学是奥地利施引论文主要产出机构，产出施引论文 72 篇，在所有施引论文产出机构中排名第一。结果显示，施引论文主要产自美国和欧洲国家，中国科学院是入围施引论文产出 Top10 机构的唯一亚洲机构，在该前沿领域具有较大的发展潜力。

表 8-3 "干扰对森林生态系统的影响"研究前沿施引论文的 Top 产出国家和机构

排 名	国 家	施引论文（篇）	比 例（%）	排 名	机 构	施引论文（篇）	比 例（%）
1	美国	156	26.71	1	维也纳自然资源与生命科学大学（奥地利）	72	12.33
2	德国	116	19.86	2	捷克生命科学大学（捷克）	53	9.08
3	奥地利	94	16.10	3	瑞士联邦森林、雪与景观研究所（瑞士）	44	7.53
4	捷克	71	12.16	4	美国林业局（美国）	32	5.48
5	瑞士	63	10.79	5	巴伐利亚森林国家公园（德国）	29	4.97
6	意大利	56	9.59	6	弗莱堡大学（德国）	27	4.62
7	西班牙	51	8.73	7	瑞典农业科技大学（瑞典）	24	4.11
8	芬兰	49	8.39	8	慕尼黑工业大学（德国）	23	3.94
9	加拿大	48	8.22	9	卢布尔雅那大学（斯洛文尼亚）	22	3.77
9	英国	48	8.22	10	中国科学院（中国）	21	3.60

9 水产渔业学科领域

9.1 水产渔业学科领域研究热点前沿概览

水产渔业学科领域 Top6 研究热点前沿主要集中在水域生态环境评估与渔业管理、水生生物监测与评估新技术、海洋生物适应性进化 3 个方向（表 9-1）。其中，"水生生态系统的演化及保护""水产养殖对水域生态环境的风险评估"和"基于生态系统水平的渔业管理"属于水域生态环境评估与渔业管理方向；"基于环境 DNA 技术的生物多样性监测与保护"属于水生生物监测与评估新技术研究方向；"肠道微生物群落结构对水生生物免疫系统的影响"和"基于基因组学的鱼类适应性进化解析"属于海洋生物适应性进化研究方向。

表 9-1 水产渔业学科领域 Top6 研究热点及前沿

序 号	类 别	研究热点或前沿名称	核心论文（篇）	被引频次	核心论文平均出版年
1	重点前沿	肠道微生物群落结构对水生生物免疫系统的影响	39	2 475	2016.4
2	热点	水生生态系统的演化及保护	9	754	2016.0
3	热点	水产养殖对水域生态环境的风险评估	8	687	2015.5
4	热点	基于生态系统水平的渔业管理	20	1 910	2015.1
5	前沿	基于基因组学的鱼类适应性进化解析	12	2 202	2015.1
6	热点	基于环境 DNA 技术的生物多样性监测与保护	46	6 711	2015.0

从热点前沿施引文献发文量变化趋势看（图9-1），渔业学科领域近期高关注的前瞻性研究同样不多，"肠道微生物群落结构对水生生物免疫系统的影响""基于基因组学的鱼类适应性进化解析"和"基于环境DNA技术的生物多样性监测与保护"一直都是多年来高度关注的热点研究问题。

	2013年	2014年	2015年	2016年	2017年	2018年	2019年
肠道微生物群落结构对水生生物免疫系统的影响	0	6	41	117	255	370	358
水生生态系统的演化及保护	2	10	24	65	104	189	166
水产养殖对水域生态环境的风险评估	4	32	46	76	63	130	104
基于生态系统水平的渔业管理	21	88	152	221	255	265	269
基于基因组学的鱼类适应性进化解析	36	165	236	267	324	314	250
基于环境DNA技术的生物多样性监测与保护	3	60	164	319	425	540	441

图9-1　水产渔业学科领域研究热点前沿施引文献量的增长态势

9.2　重点前沿——"肠道微生物群落结构对水生生物免疫系统的影响"

9.2.1　"肠道微生物群落结构对水生生物免疫系统的影响"研究前沿概述

近年来，水产养殖业已成为全球食物产出系统发展最快的单元，为人类的健康生活提供了优质蛋白来源，但频频发生的病害问题已成为限制产业持续发展的瓶颈之一。养殖水生生物病害的传统应对手段主要是化学药物"治疗"。伴随着国家水产养殖绿色发展战略的实施，抗生素在水产养殖中逐渐被禁用或限用。因此，提高养殖生物自身免疫机能的预防策略日益成为关注的焦点。水生生物肠道中定植着数量庞大的微生物群落，其中益生菌对于维持机体稳态平衡和提升免疫力具有重要的作用。因此，肠道微生物群落结构对水生生物免疫系统的影响研究被引入水产养殖领域并迅速成为研究前沿，为水生生物病害学研究提供了新的思路与方法。

"微生物组计划"推动了脊椎动物肠道微生物组学研究的快速和纵深发展，产生了大量的研究成果。近年来，高通量测序、蛋白组学、代谢组学等新技术在肠道菌群多样性、结构演替及功能等研究中的应用加快，也推动了水生生物肠道微生物群落结构与免疫系统互作机制研究的深度和广度，取得了一定的进展：①认识了肠道菌群对水生生物免疫系统的调控作用，拓展了通过肠道微生物调控水生生物免疫应答的新研究方向；②发现多糖类益生元和益生菌可以通过调控肠道菌群来提高水生生物免疫机能；③明确了生理阶段、环境胁迫、投喂水平、饲料种类等因素能对肠道菌群和免疫系统产生影响，使得通过肠道微生物调控水生生物免疫健康成为可能。但是，该领域研究也存在诸多亟待解决的科学问题：①不同种类的水生生物肠道菌群结构和免疫机能方面存在明显差异，其肠道菌群和免疫系统的互作机制是否也具有特异性？②在生长发育的不同阶段，水生生物肠道微生物群落结构演替与免疫系统发育完善的互作机制如何？③环境因子通过肠道菌群调控先天免疫和适应性免疫应答的作用机制如何？针对这些问题的深入研究，将有助于全面认识肠道微生物群落结构对水生生物免疫系统的影响机制，实现免疫健康精准调控。

9.2.2 "肠道微生物群落结构对水生生物免疫系统的影响"发展态势及重大进展分析

本前沿的核心论文共检索到39篇，主要研究了益生元、益生菌、环境因子对水生生物肠道微生物群落结构及免疫系统的影响机制，主要集中在以下几个方面：①研究了益生菌、益生元等外源因素通过调节水生生物肠道菌群结构影响免疫机能的作用机制，涉及核心论文14篇；②探讨了环境因素对水生生物肠道菌群结构特征的影响与免疫调控的关系，涉及核心论文10篇；③免疫调控因子、药物等免疫调节制剂对水产动物免疫系统的影响及其在水产养殖中的应用技术，涉及核心论文15篇。

9.2.2.1 肠道菌群结构

肠道菌群是近年来新兴的前沿研究领域，高通量测序技术和生物信息学分析使得微生物多样性研究从最初的培养基培养、DGGE分析等上升到一个新的水平，可检测出的微生物种类等相关指标也更加全面。陆生脊椎动物（尤其是人和小鼠）肠道菌群的研究发展较快，水生生物由于生存与繁衍的水环境较为复杂，其肠道菌群研究起步相对较晚。近年来，随着技术的不断进步，水生生物肠道菌群研究取得了诸多的研究成果。2012年，中国科学院水生生物研究所的Wu等通过高通量测序技术对草鱼肠道菌群多样性、组成等开展分析，获得了草鱼肠道的核心菌群，发现肠道中定植着大量的纤维素分解菌，并且潜在的病原菌和益生菌均作为优势菌群并存在肠道中。在认知水生生物肠道菌群结构的基础上，研究人员开始对肠道菌群结构的发生、发育过程及影响因素等展开了研究探索。2017年，中国农业科学院的Wang等系统地综述了鱼类肠道菌群研究的进展，主要包括肠道菌群的结构、形成过程、影响因素等，并且着重分析了2004年美国华盛顿大学医学院Ralws等提出的鱼类肠道菌群研究模式这一重大科研成果。Ralws等对斑马鱼开展研究，发现肠道菌群能够调控宿主200多个基因的表达，涉及了营养代谢、先天免疫应答等功能。肠道菌群模式生物的制备为肠道菌群功能研究开辟了一个新的途径，由于水生生物肠道菌群的特殊性及其所处水环境的复杂性，模式生物的制备在技术上的难度相对较大。根据研究目标的需要，借助于高通量测序技术可较为全面地揭示水生生物的肠道菌群分布图谱，通过微生物培养技术获得核心菌群，再对核心菌的功能开展体外和体内研究。这是目前对水生生物肠道菌群结构与功能研究的经典路线。随着蛋白组学、代谢组学技术的出现和快速发展，利用多种组学技术共同对水生生物肠道菌群结构、功能开展研究也日益成为重要的技术手段。对水生生物肠道菌群结构与功能的系统性研究，将有助于开发水生生物肠道"土著"的有益功能菌，为制备绿色、高效的免疫制剂等提供技术支持，促进水产养殖产业的健康、可持续发展。

9.2.2.2　免疫系统的环境适应

在水产集约化养殖过程中，养殖的水生生物由于受到环境胁迫等因素影响，机体免疫系统容易出现"故障"，从而引发病害问题，造成巨大的经济损失。那么，在设施化养殖过程中，水生生物的免疫系统是如何响应和适应环境等因素变化的呢？肠道菌群在免疫适应过程中扮演了什么样的角色？随着分子生物学与免疫学技术的不断发展，对鱼类免疫应答机制的研究从表观的免疫酶活性逐渐深入到微观的抗原、抗体作用机制等分子层面。从激素、基因、宏基因组角度对上述问题进行研究和阐释变得日益流行。2018 年，捷克共和国兽医和药科大学的 Sehonova 等评估了化学药物污染对斑马鱼的危害，指出药物的滥用和污染能够显著影响鱼类的生长发育，并且对其免疫系统造成严重的破坏，甚至严重影响其生存。2014 年，韩国韩东大学生命科学院的 Song 等经过大数据分析对鱼类免疫应答机制进行了较为全面的归类分析，主要包括：①主动防御作用的吞噬活性；②不仅能够直接杀灭病原菌，而且还能够促使先天性免疫和适应性免疫产生最大免疫反应的巨噬细胞；③酸性磷酸酶；④血清补体活性等。2016 年，意大利墨西拿大学化学、生物、药学和环境科学研究所 Lauriano 等研究发现高胆固醇饮食引起了金鱼皮肤黏膜免疫应答，并引发了免疫相关因子 TLR2 等的表达变化。2016 年，英国阿伯丁大学环境科学与生物研究所的 Carola E. Dehler 等对大西洋鲑鱼幼鱼的一项研究表明，初次摄食、栖息地、饵料等环境因素塑造了肠道菌群结构，同时改变了免疫系统的应答方式，即在生活史过程中，鱼类肠道菌群对环境具有进化意义的适应调节机制。因此，通过环境调控肠道菌群结构进而实现免疫调节的功能研究具有巨大的应用价值。

9.2.2.3　免疫增强剂与肠道菌群及免疫机能关系

在探寻无毒副作用、生态友好型且高效的水生生物疾病防治技术的研究中，免疫增强剂备受瞩目。免疫增强剂主要包括益生菌、益生元（多糖或寡糖类）、植物提取物等。

水生生物肠道中定居着丰富的微生物群落，当机体受到病原菌的入侵后，肠道中的定植菌群通过粘附位点竞争、营养竞争、产物抑制等作用抵制病原菌的生长繁殖，充分发挥生物屏障作用。一旦病原菌打破肠道菌群间的平衡状态，一系列不利于鱼体健康的免疫失调等连锁反应将会显现出来。益生菌的应用可有效解决这一问题。益生菌以规模化的数量进入鱼体内后，通过与其作用位点相结合，激活宿主免疫系统来提高免疫力，从而抵抗和消灭病原菌的入侵。2017 年，泰国清迈大学的 Van Doan 等以饲料为载体进行植物乳杆菌 CR1T5 菌株的添加（108CFU/g），经过 4 周的养殖试验检测罗非鱼免疫及生长指标，发现植物乳杆菌不仅有助于罗非鱼的生长，而且还能显著提高罗非鱼的免疫力。这说明益生菌进入鱼类肠道后能与肠道中定植的微生物群联合以摄入体内的食物为基质进行发酵，从而合成并分泌糖类、氨基酸、维生素等多种代谢产物和益生元，在满足自身生长繁殖的同时还能促进宿主的健康生长。值得注意的是，肠道共生菌发酵产物中就包含部分益生元 [益生元主要包括低聚果糖（FOS）、甘露寡糖（MOS）、低聚半乳糖（GOS）、β-葡聚糖、壳聚糖等]。同样，益生元可以扮演功能糖类的角色为肠道菌群提供能量，促进肠道共生菌的生长。同时，益生元还以免疫糖类的角色通过模式识别受体（PRR）、微生物相关的分子模式（MAMPs）方式直接激活鱼体的免疫系统，提高宿主免疫力。2015 年，日本鹿儿岛大学的 Dawood 等将 β-葡聚糖和热灭活的植物乳杆菌以一定比例添加到饲料中，对真鲷进行 56 天的投喂试验，发现试验组真鲷的生长性能、免疫力均显著优于饲料无添加的对照组。2016 年西班牙穆尔西亚大学的 Guardiola 等将植物提取物单独或与益生菌联合添加到海鲈饲料中对其进行投喂养殖，发现联合添加能够显著提高海鲈头肾的免疫相关基因表达，还提出植物提取物有望作为免疫增强剂进行相关产品开发并在水产养殖中广泛应用，推动水产养殖病害的环境友好型防控技术发展。目前，相关的研究仅停留在益生菌或益生元对水生生物免疫提升作用现象的观察以及机制的初步研究，外源性益生菌等物质对免疫机能提升的信号途径等深入的调控机制亟待开展。

益生菌、益生元、植物提取物等免疫增强剂的应用将肠道菌群与免疫系统有机的联合起来，将两个独立的学科紧密串联使其在鱼类养殖中发挥更大作用，真正实现了 1+1 > 2 的目标。在严格管控的前提下，相关免疫调控剂产品的开发将有效解决集约化水产养殖过程中因治疗养殖生物病害带来的化学药物滥用及其环境污染等问题，具有很大的市场潜力。同时，对于建立环境友好型绿色水产养殖模式与技术，推动水产养殖产业可持续发展具有重要的意义。

9.2.3 "肠道微生物群落结构对水生生物免疫系统的影响"发展趋势预测

依据本前沿核心文献和施引文献的相关研究结果，未来肠道微生物群落结构对水生生物免疫系统的影响研究，应从以下几方面重点开展。

其一，肠道菌群结构与免疫系统互作的精准调控机制。下一步应重点解析水生生物免疫系统对肠道病原菌、益生菌的识别机制，查明肠道菌群调控先天和适应性免疫机能的作用通路和信号转导机制。同时，研制肠道无菌型模式动物，为肠道菌群与免疫系统互作机制研究提供载体支撑。

其二，肠道微生物群落调控免疫系统修复的感知机制。水生生物受到病原菌及环境胁迫和健康恢复的过程中，其肠道菌群稳态和免疫系统将历经"平衡—失衡—平衡"的可逆变化，此过程中肠道菌群如何感知免疫系统的"求救"信号，如何启动水生生物免疫系统修复的机制亟待深入开展。

其三，肠道优势菌群在水生生物免疫防护中的应用评价。通过基因组学、代谢组学等现代组学技术，筛选对水生生物先天免疫和适应性免疫具有重要调控作用的肠道优势菌，研发优势菌种的高通量体外培养、高保真保存与生物发酵工程技术，制备绿色高效的免疫调控因子产品在水产养殖中应用，实现化学药物的替代是今后研究重点之一。

9.2.4 "肠道微生物群落结构对水生生物免疫系统的影响"研究前沿 Top 产出国家与机构文献计量分析

从该前沿核心论文的 Top 产出国家来看（表9-2），意大利共有16篇，占据核心论文总量的41.03%，远高于其他国家。其次是伊朗，核心论文量为9篇，占总量的23.08%。中国和挪威分别贡献了7篇核心论文，分别占总量的17.95%。可见，中国对该领域的科研贡献在不断增强。从核心论文产出机构来看，排名前十的机构列表中共包含了14家机构。其中，墨西拿大学（意大利）和戈尔甘农业科学与自然资源大学（伊朗）分别产出14篇（占比35.90%）和8篇（占比20.51%）核心论文，分列第一位和第二位。挪威有2家机构入围前十位，分别是北极大学和挪威生命科学大学。中国也有2家机构入围前十位，均主导或参与了2篇核心论文。上述统计结果表明该前沿受关注的范围较广，意大利及其研究机构在该前沿的基础研究中极具影响力和活跃度，具有显著的竞争优势。中国的基础研究能力也相对较强，但是，在今后的发展中还需继续强化该领域的基础研究，提高自身在国际上的影响力与竞争力。

表 9-2 "肠道微生物群落结构对水生生物免疫系统的影响" 研究前

沿核心论文的 Top 产出国家和机构

排　名	国　家	核心论文（篇）	比　例（%）	排　名	机　构	核心论文（篇）	比　例（%）
1	意大利	16	41.03	1	墨西拿大学（意大利）	14	35.90
2	伊朗	9	23.08	2	戈尔甘农业科学与自然资源大学（伊朗）	8	20.51
3	中国	7	17.95	3	挪威北极大学（挪威）	6	15.38
3	挪威	7	17.95	4	谢赫村大学（埃及）	4	10.26
5	埃及	4	10.26	5	Noroeste 生物研究中心（墨西哥）	3	7.69
5	墨西哥	4	10.26	5	希伯来大学（以色列）	3	7.69
5	西班牙	4	10.26	5	鹿儿岛大学（日本）	3	7.69
5	英国	4	10.26	5	穆尔西亚大学（西班牙）	3	7.69
9	捷克	3	7.69	5	布尔诺兽医学与药物科学大学（捷克）	3	7.69
9	以色列	3	7.69	10	中国农业科学院（中国）	2	5.13
9	日本	3	7.69	10	韩东大学（韩国）	2	5.13
				10	集美大学（中国）	2	5.13
				10	挪威生命科学大学（挪威）	2	5.13
				10	普利茅斯大学（英国）	2	5.13

表 9-3 展示的是后续引用该前沿核心论文的施引论文量，中国共有 266 篇，占该前沿施引论文总量的 22.85%，遥遥领先于其他国家。伊朗以 140 篇的优势占据第二位，美国、巴西、意大利则分别以 9.62%、8.59% 和 8.33% 比例的施引论文产出量位列第三至第五。在施引论文量排名前十的机构中，伊朗的戈尔甘农业科学与自然资源大学以 83 篇的优势位居第一，占该前沿施引论文总量的 7.13%。中国的中国水产科学研究院和中国科学院分别以 34 篇和 30 篇的施引论文量位列第三和第六。意大利的墨西拿大学以 4.12% 的比例名列第二。以上表明，中国、伊朗、意大利及其研究机构在该前沿领域的研究中具有较强的发展潜力和优势。

表 9-3 "肠道微生物群落结构对水生生物免疫系统的影响" 研究前

沿施引论文的 Top 产出国家和机构

排　名	国　家	施引论文（篇）	比　例（%）	排　名	机　构	施引论文（篇）	比　例（%）
1	中国	266	22.85	1	戈尔甘农业科学与自然资源大学（伊朗）	83	7.13

（续表）

排　名	国　家	施引论文（篇）	比　例（%）	排　名	机　构	施引论文（篇）	比　例（%）
2	伊朗	140	12.03	2	墨西拿大学（意大利）	48	4.12
3	美国	112	9.62	3	中国水产科学研究院（中国）	34	2.92
4	巴西	100	8.59	4	圣玛利亚联邦大学（巴西）	33	2.84
5	意大利	97	8.33	5	谢赫村大学（埃及）	32	2.75
6	西班牙	78	6.70	6	中国科学院（中国）	30	2.58
7	印度	75	6.44	6	穆尔西亚大学（西班牙）	30	2.58
8	埃及	68	5.84	8	清迈大学（泰国）	28	2.41
9	挪威	63	5.41	8	波尔图大学（葡萄牙）	28	2.41
10	葡萄牙	53	4.55	10	鹿儿岛大学（日本）	23	1.98
				10	挪威北极大学（挪威）	23	1.98

10 农业研究热点前沿的国家表现

10.1 农业八大学科国家研究热点前沿表现力指数总体排名

从农业八大学科整体来度量分析全球国家研究热点前沿表现力指数得分和排名，观察发现如下态势特征。

10.1.1 美国整体表现最突出，中国加快追赶步伐以绝对优势稳居第二

从农业八大学科整体层面看（图 10-1 和表 10-1），美国表现最突出，研究热点前沿表现力指数得分为 120.33 分，位居全球首位。中国得分 89.77 分，约为排名第三的英国（43.55 分）分数的两倍，稳居第二，但与美国相比仍存在一定差距。英国、德国、意大利、澳大利亚得分比较接近，分别为 43.55 分、36.13 分、34.73 分和 31.98 分，排名第三至第六，基本上处于同一个表现力梯队。

加拿大、西班牙、荷兰、法国 4 个国家的农业研究热点前沿表现力指数得分约在 20.00~30.00 分不等，位列第七至第十。巴西（17.78 分），排名第十一，但与排名第十的法国（22.00 分）仍存在一定差距。排名在第十二至第二十之间的国家得分比较接近，得分分布在 7.97~13.19 分。

国家研究热点前沿表现力指数由国家贡献度、国家影响度和国家引领度组成。结合表 10-1 可以看出综合排名前十的国家，其二级指标也均分布在前十位，只是国家引领度

的位次略有不同；综合指标排名第十一至第二十的国家的研究热点前沿表现力指数与其二级指标国家贡献度和国家影响度的排名也十分相似，而国家引领度的名次波动略大，表明这些国家以第一作者身份产出的国际合作论文量排名与其论文成果产出总量排名以及影响力排名存在一定的差异。

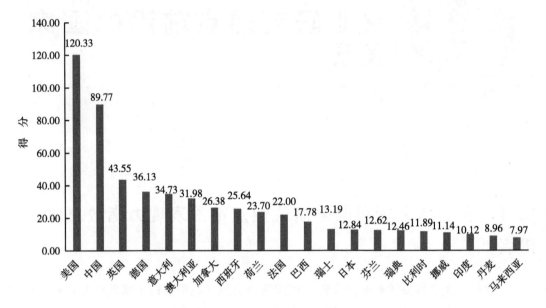

图 10-1 农业八大学科 Top20 国家研究热点前沿表现力指数总体排名

表 10-1 农业八大学科 Top20 国家研究热点前沿表现力指数总体得分与排名

国　家	国家研究热点前沿表现力指数（一级指标）		国家贡献度（二级指标）		国家影响度（二级指标）		国家引领度（二级指标）	
	得　分	排　名	得　分	排　名	得　分	排　名	得　分	排　名
美国	120.33	1	31.88	1	63.60	1	24.84	1
中国	89.77	2	24.88	2	40.44	2	24.40	2
英国	43.55	3	12.89	3	24.62	3	5.97	4
德国	36.13	4	10.53	4	19.98	4	5.58	5
意大利	34.73	5	10.05	5	18.01	5	6.70	3
澳大利亚	31.98	6	9.57	6	17.47	6	4.93	6
加拿大	26.38	7	7.88	7	14.55	7	3.98	9
西班牙	25.64	8	7.33	8	14.31	8	4.01	7

国　家	国家研究热点前沿表现力指数（一级指标）		国家贡献度（二级指标）		国家影响度（二级指标）		国家引领度（二级指标）	
	得　分	排　名	得　分	排　名	得　分	排　名	得　分	排　名
荷兰	23.70	9	6.58	10	13.82	9	3.34	10
法国	22.00	10	6.80	9	12.17	10	3.08	11
巴西	17.78	11	5.65	11	8.14	11	3.99	8
瑞士	13.19	12	3.84	12	7.21	14	2.09	13
日本	12.84	13	3.49	15	7.25	13	2.08	14
芬兰	12.62	14	3.52	14	7.45	12	1.56	20
瑞典	12.46	15	3.64	13	6.96	15	1.88	16
比利时	11.89	16	3.43	16	6.73	16	1.71	19
挪威	11.14	17	3.16	17	6.02	17	1.84	17
印度	10.12	18	2.91	18	4.94	19	2.29	12
丹麦	8.96	19	2.66	19	5.27	18	1.02	24
马来西亚	7.97	20	2.12	22	3.95	22	1.77	18

10.1.2 美国在各学科领域表现力均保持前两名，中国众多领域持续活跃但仍有洼地

从八大学科领域比较来看（表10-2），美国有5个学科领域研究热点前沿表现力指数排名第一，3个学科领域排名第二；中国则在农业资源与环境和农业信息与农业工程2个学科领域国家研究热点前沿表现力指数排名第一，在作物、畜牧兽医和农产品质量与加工3个学科领域排名第二至第三名，植物保护、林业和水产渔业3个学科领域总体实力相对较弱，排名第五、第六和第八，与国际领域水平相比仍存在一定的差距。主要分析十国在八大学科领域各热点前沿中的表现力指数各级指标得分及排名详见附录Ⅱ。

表10-2 农业八大学科 Top20 国家研究热点前沿表现力指数总体及分学科层面的得分与排名

国家	八大学科 得分	排名	作物 得分	排名	植物保护 得分	排名	畜牧兽医 得分	排名	农业资源与环境 得分	排名	农产品质量与加工 得分	排名	农业信息与农业工程 得分	排名	林业 得分	排名	水产渔业 得分	排名
美国	120.33	1	19.49	1	13.94	1	22.44	1	14.20	2	8.67	2	10.22	2	17.13	1	14.24	1
中国	89.77	2	15.27	2	6.48	5	14.93	2	15.56	1	7.73	3	22.62	1	4.37	6	2.81	8
英国	43.55	3	8.51	3	7.17	4	3.56	6	3.40	10	1.34	11	6.87	3	5.69	2	7.01	2
德国	36.13	4	7.30	4	9.43	2	2.16	11	5.15	4	0.94	13	3.15	9	5.43	4	2.57	10
意大利	34.73	5	5.63	5	4.30	8	5.20	3	3.91	8	9.07	1	1.28	17	2.97	8	2.37	11
澳大利亚	31.98	6	4.35	7	3.42	9	4.61	4	4.27	7	3.80	5	2.55	11	5.69	2	3.29	7
加拿大	26.38	7	3.65	9	5.11	6	3.74	5	2.78	11	0.63	19	3.42	7	2.01	16	5.04	5
西班牙	25.64	8	2.67	11	2.58	12	2.70	7	6.46	3	5.17	4	1.81	13	2.46	14	1.79	13
荷兰	23.70	9	3.19	10	7.91	3	1.01	18	4.60	6	1.01	12	2.67	10	2.38	15	0.93	18
法国	22.00	10	4.78	6	4.86	7	1.81	13	2.42	13	0.91	14	1.18	18	2.56	13	3.48	6
巴西	17.78	11	0.98	22	1.78	14	2.33	8	0.89	28	2.99	6	0.69	24	2.66	11	5.46	4
瑞士	13.19	12	1.46	18	2.94	10	0.44	28	1.78	18	0.30	30	0.69	24	4.77	5	0.81	20
日本	12.84	13	3.91	8	1.69	15	1.30	17	0.90	25	0.23	34	1.15	20	0.92	25	2.74	9
芬兰	12.62	14	1.47	17	0.13	32	1.72	14	2.20	15	0.72	18	3.34	8	2.86	10	0.18	39
瑞典	12.46	15	0.36	33	0.67	17	2.33	8	4.92	5	0.32	29	0.64	26	1.83	17	1.39	15
比利时	11.89	16	1.27	19	2.93	11	2.19	10	1.95	16	1.37	10	1.07	22	0.48	42	0.63	22
挪威	11.14	17	0.29	36	0.43	21	0.25	32	2.28	14	0.11	38	0.63	27	0.49	41	6.66	3
印度	10.12	18	2.28	12	0.31	23	1.87	12	0.83	29	0.46	22	3.60	6	0.57	36	0.20	37
丹麦	8.96	19	1.69	14	0.63	19	0.90	20	1.12	22	0.33	28	1.57	14	0.54	38	2.18	12
马来西亚	7.97	20	0.15	44	0.03	46	0.06	46	1.19	21	0.19	36	5.33	4	0.66	35	0.36	27

　　进一步统计分析主要分析十国在八大学科领域 62 个研究热点前沿中的表现发现，美国研究热点前沿表现力指数排名第一的热点前沿有 25 个，占全部热点前沿的 40.32%，中国排名第一的热点前沿有 12 个，占比 19.35%。意大利有 5 个热点前沿排名第一，西班牙和德国各有 3 个热点前沿排名第一，荷兰和英国各有 2 个热点前沿排名第一，澳大利亚有 1 个热点前沿排名第一，法国和日本没有排名第一的热点前沿（表 10-3）。

　　统计分析主要分析十国在八大学科排名第一的热点前沿表现情况得出（表 10-3），中国在农业信息与农业工程和农业资源与环境两个学科领域分别有 4 个和 3 个热点前沿排名第一，占比分别为 40.00% 和 37.50%，表现较活跃。作物和畜牧兽医 2 个学科领域中国均有 2 个热点前沿排名第一；农产品质量与加工学科领域中国有 1 个热点前沿排名第一；植物保护、林业和水产渔业 3 个学科领域中国没有排名第一的研究热点前沿。相比中国，美国在农业资源与环境和农业信息与农业工程这两个中国较活跃的学科领域中，农业资源与环境学科领域与中国表现相当，有 4 个热点前沿排名第一，农业信息与农业工程学科领域较中国表现稍有逊色，有 2 个热点前沿排名第一；在作物、植物保护、畜牧兽医、林业和水产渔业 5 个学科领域排名第一的热点前沿数均超过中国，且占比均不低于 35%；在农产品质量与加工学科领域，美国和中国均仅有 1 个热点前沿排名第一。尽管意大利仅有 5 个热点前沿排名第一，但这 5 个热点前沿分布在作物、农产品质量与加工、畜牧兽医和水产渔业 4 个学科领域中，其中农产品质量与加工学科领域排名第一的前沿有 2 个，数量超过了中国。西班牙、德国、荷兰、英国和澳大利亚均在 1~3 个学科领域有热点前沿排名第一，其中，德国、荷兰和英国在植保领域均有排名第一的热点前沿，较中国表现优越。

　　统计分析主要分析十国在八大学科领域排名前三的热点前沿得出（表 10-4），美国在 44 个热点前沿（70.97%）中排名前三，中国紧随其后，有 31 个热点前沿排名前三，占比达 50%。英国、德国、意大利这 3 个国家表现也不逊色，排名前三的热点前沿数均有 10~20 个，其他国家表现旗鼓相当，排名前三的热点前沿数均有 1~6 个。此外，非主要分析十国中的加拿大表现也较出色，有 11 个热点前沿排名前三。

　　分领域比较美国和中国排名前三的热点前沿数量分布情况得出（表 10-4 和图 10-2），美国在所有学科领域排名前三的热点前沿占比均介于 50%~100% 之间，尽管在农产品质量与加工学科领域中仅有 1 个热点前沿排名第一，但排名前三的热点前沿占比达 66.67%，也显示了较强的实力，总体来看，各学科领域表现较均衡。相对来说，中国在农业信息与农业工程、作物、畜牧兽医、农业资源与环境和农产品质量与加工 5 个学科领域中排名前三的热点前沿数占比均介于 50%~100%，活跃度也不逊色，但中国在植物保护、林业和水产渔业 3 个领域分别有 2 个、1 个和 1 个排名前三的研究热点前沿，占比相对较低，与发达国家相比仍存在一定差距，总体来看，学科热点前沿发展的均衡性有待进一步提升。

表10-3 主要十国在八大学科62个研究热点前沿中的国家研究热点前沿表现力指数得分排名第一的研究热点前沿数量及占比

学科领域	项目	研究热点前沿总数	美国	中国	意大利	西班牙	德国	荷兰	英国	澳大利亚	法国	日本
八大学科领域	热点前沿数（个）	62	25	12	5	3	3	2	2	1	0	0
	占比（%）		40.32	19.35	8.06	4.84	4.84	3.23	3.23	1.61	0.00	0.00
作物	热点前沿数（个）	8	4	2	1	0	0	0	1	0	0	0
	占比（%）		50.00	25.00	12.50	0.00	0.00	0.00	12.50	0.00	0.00	0.00
植物保护	热点前沿数（个）	8	3	0	0	0	2	2	1	0	0	0
	占比（%）		37.50	0.00	0.00	0.00	25.00	25.00	12.50	0.00	0.00	0.00
畜牧兽医	热点前沿数（个）	10	4	2	1	1	0	0	0	1	0	0
	占比（%）		40.00	20.00	10.00	10.00	0.00	0.00	0.00	10.00	0.00	0.00
农业资源与环境	热点前沿数（个）	8	4	3	0	1	0	0	0	0	0	0
	占比（%）		50.00	37.50	0.00	12.50	0.00	0.00	0.00	0.00	0.00	0.00
农产品质量与加工	热点前沿数（个）	6	1	1	2	1	0	0	0	0	0	0
	占比（%）		16.67	16.67	33.33	16.67	0.00	0.00	0.00	0.00	0.00	0.00
农业信息与农业工程	热点前沿数（个）	10	2	4	0	0	0	0	0	0	0	0
	占比（%）		20.00	40.00	0.00	0.00	0.00	0.00	0.00	0.00	0.00	0.00
林业	热点前沿数（个）	6	4	0	1	0	1	0	0	0	0	0
	占比（%）		66.67	0.00	16.67	0.00	16.67	0.00	0.00	0.00	0.00	0.00
水产渔业	热点前沿数（个）	6	3	0	1	0	0	0	0	0	0	0
	占比（%）		50.00	0.00	16.67	0.00	0.00	0.00	0.00	0.00	0.00	0.00

表10-4 主要十国在八大学科62个研究热点前沿中的国家研究热点前沿表现力指数得分排名前三的研究热点前沿数量及占比

学科领域	项目	研究热点前沿数	美国	中国	英国	德国	意大利	澳大利亚	法国	西班牙	荷兰	日本
八大学科领域	热点前沿数（个）	62	44	31	18	12	9	6	5	5	5	1
	占比（%）		70.97	50.00	29.03	19.35	14.52	9.68	8.06	8.06	8.06	1.61
作物	热点前沿数（个）	8	7	5	3	4	2	0	0	0	0	1
	占比（%）		87.50	62.50	37.50	50.00	25.00	0.00	0.00	0.00	0.00	12.50
植物保护	热点前沿数（个）	8	4	2	3	4	1	2	2	0	2	0
	占比（%）		50.00	25.00	37.50	50.00	12.50	25.00	25.00	0.00	25.00	0.00
畜牧兽医	热点前沿数（个）	10	9	5	3	0	2	1	0	1	0	0
	占比（%）		90.00	50.00	30.00	0.00	20.00	10.00	0.00	10.00	0.00	0.00
农业资源与环境	热点前沿数（个）	8	6	5	1	0	1	0	1	2	1	0
	占比（%）		75.00	62.50	12.50	0.00	12.50	0.00	12.50	25.00	12.50	0.00
农产品质量与加工	热点前沿数（个）	6	4	4	1	0	2	1	0	2	0	0
	占比（%）		66.67	66.67	16.67	0.00	33.33	16.67	0.00	33.33	0.00	0.00
农业信息与农业工程	热点前沿数（个）	10	5	8	3	1	0	0	0	0	2	0
	占比（%）		50.00	80.00	30.00	10.00	0.00	0.00	0.00	0.00	20.00	0.00
林业	热点前沿数（个）	6	5	1	1	3	0	1	1	0	0	0
	占比（%）		83.33	16.67	16.67	50.00	0.00	16.67	16.67	0.00	0.00	0.00
水产渔业	热点前沿数（个）	6	4	1	4	0	1	1	1	0	0	0
	占比（%）		66.67	16.67	66.67	0.00	16.67	16.67	16.67	0.00	0.00	0.00

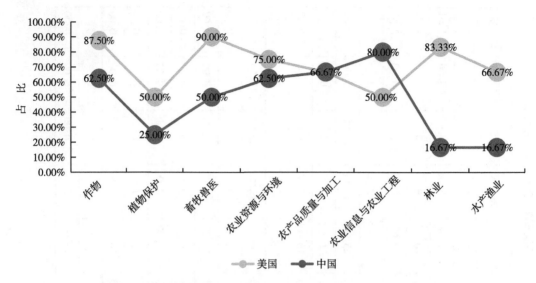

图 10-2 中国和美国各学科热点前沿表现力指数排名前三的热点前沿占比的学科分布比较

10.2 国家农业研究热点前沿表现力指数分学科领域分析

10.2.1 作物学科领域：美国与中国表现力俱佳，远超英国与德国

在作物学科领域的 Top8 热点前沿中（表 10-5），美国的研究热点前沿表现力指数得分为 19.49 分，排名第一，表现最活跃。中国得分为 15.27 分，排名第二，中美两国在国家贡献度、影响度和引领度包揽了全部指标的前两名，在作物学科的整体表现力远超其他国家。英国和德国的国家研究热点前沿表现力指数得分分别为 8.51 分和 7.30 分，分列第三和第四，与排在前两名的美国和中国相比差距显著。

表 10-5 主要分析十国在作物学科领域中的研究热点前沿表现力指数及分指标得分与排名

指标体系	指标名称	项 目	美 国	中 国	英 国	德 国	意大利	法 国	澳大利亚	日 本	荷 兰	西班牙
一级指标	国家表现力	得分	19.49	15.27	8.51	7.30	5.63	4.78	4.35	3.91	3.19	2.67
		排名	1	2	3	4	5	6	7	8	10	11
二级指标	国家贡献度	得分	4.77	4.34	2.57	2.23	1.98	1.62	1.29	1.03	0.91	0.91
		排名	1	2	3	4	5	6	7	8	10	10

（续表）

指标体系	指标名称	项　目	美国	中国	英国	德国	意大利	法国	澳大利亚	日本	荷兰	西班牙
三级指标	国家基础贡献度	得分	3.51	2.75	2.14	1.76	1.64	1.31	0.99	0.77	0.78	0.72
		排名	1	2	3	4	5	6	7	10	8	11
	国家潜在贡献度	得分	1.27	1.62	0.44	0.45	0.35	0.31	0.30	0.26	0.14	0.20
		排名	2	1	4	3	5	6	7	9	12	10
二级指标	国家影响度	得分	11.28	6.86	4.30	4.25	2.73	2.57	2.51	2.09	2.12	1.47
		排名	1	2	3	4	5	6	8	10	9	11
三级指标	国家基础影响度	得分	8.18	4.53	3.03	2.89	2.04	1.70	1.69	1.56	1.56	1.01
		排名	1	2	3	4	5	7	8	9	9	11
	国家潜在影响度	得分	3.09	2.35	1.28	1.38	0.69	0.86	0.81	0.52	0.56	0.46
		排名	1	2	4	3	7	5	6	9	8	11
二级指标	国家引领度	得分	3.44	4.07	1.63	0.84	0.94	0.60	0.52	0.78	0.20	0.28
		排名	2	1	3	5	4	7	8	6	17	11
三级指标	国家基础引领度	得分	1.96	1.85	1.21	0.39	0.54	0.33	0.27	0.46	0.07	0.10
		排名	1	2	3	6	4	7	9	5	17	14
	国家潜在引领度	得分	1.48	2.22	0.43	0.45	0.40	0.28	0.25	0.30	0.13	0.18
		排名	2	1	4	3	5	8	9	7	13	10

在该领域的 8 个热点前沿中（表 10-6），美国、中国、英国和意大利包揽了全部热点前沿的第一名，其中，美国覆盖了 4 个热点前沿表现力指数的第一名，占全部研究热点前沿数量的 50%，中国在"作物代谢组学分析研究"和"大规模重测序数据库在水稻中的应用研究" 2 个研究热点前沿中排名第一，"小麦基因组测序与进化分析"和"植物生物刺激素与作物耐受逆境胁迫的关系研究" 2 个热点前沿的第一名分别被英国和意大利摘得。

排名前三的热点前沿中，美国有 7 个，中国有 5 个，英国、德国、意大利和日本分别有 3 个、4 个、2 个和 1 个。中国在"茉莉酸在植物防御中的作用研究""基因组编辑技术及其在农作物中的应用"和"脱氧核糖核酸甲基化在农业中的应用"研究热点前沿中均排名第二，在"植物生物刺激素与作物耐受逆境胁迫的关系研究"研究热点中表现相对较弱，全球排名第十四，意大利、美国和非主要分析十国的加拿大分列该热点前沿表现力的前三名（附录Ⅱ附表Ⅱ-1 和附录Ⅲ）。

表 10-6　主要分析十国在作物学科领域 8 个热点前沿中的国家表现力指数得分与排名

研究领域热点或前沿名称	项　目	美 国	中 国	英 国	德 国	意大利	法 国	澳大利亚	日 本	荷 兰	西班牙
作物学科领域汇总	得分	19.49	15.27	8.51	7.30	5.63	4.78	4.35	3.91	3.19	2.67
	排名	1	2	3	4	5	6	7	8	10	11
1. 研究前沿：小麦基因组测序与进化分析	得分	2.15	1.38	2.96	1.48	0.78	0.30	0.90	0.77	0.15	0.14
	排名	2	4	1	3	8	10	6	9	15	17
2. 研究热点：作物代谢组学分析研究	得分	0.18	3.43	0.23	0.19	0.97	0.33	0.02	0.01	0.00	0.09
	排名	10	1	7	8	2	6	26	29	43	18
3. 研究热点：植物生物刺激素与作物耐受逆境胁迫的关系研究	得分	1.26	0.18	0.46	0.53	2.06	0.21	0.06	0.05	0.25	0.29
	排名	2	14	6	4	1	13	17	19	12	11
4. 研究热点：茉莉酸在植物防御中的作用研究	得分	2.47	1.39	0.61	0.53	0.04	0.45	0.14	0.20	0.30	0.47
	排名	1	2	3	5	21	7	16	11	10	6
5. 研究热点：适应全球气候变化的作物产量模型	得分	3.74	1.85	2.83	3.00	1.41	2.42	2.36	0.30	2.34	1.46
	排名	1	7	3	2	11	4	5	19	6	9
6. 研究热点：基因组编辑技术及其在农作物中的应用	得分	3.60	3.06	0.30	0.64	0.13	0.22	0.13	0.27	0.05	0.09
	排名	1	2	5	3	8	7	8	6	15	12
7. 研究热点：大规模重测序数据库在水稻中的应用研究	得分	1.96	2.21	0.53	0.18	0.07	0.46	0.16	1.89	0.02	0.03
	排名	2	1	5	9	12	6	10	3	22	19
8. 研究热点：脱氧核糖核酸甲基化在农业中的应用	得分	4.13	1.77	0.59	0.75	0.17	0.39	0.58	0.42	0.08	0.10
	排名	1	2	4	3	9	8	5	7	13	12

10.2.2　植物保护学科领域：美国表现最为活跃；中国位列第五，成果产出及影响力有待提升

在植物保护学科领域的 Top8 热点前沿中（表 10-7），美国的研究热点前沿表现力指数得分为 13.94 分，各级指标全面领先，总体排名第一。德国、荷兰和英国排名第二至第四，得分分别为 9.43 分、7.91 分和 7.17 分。中国以 6.48 分位列第五，从各级指标得分看，中国在该领域的成果产出量以及影响力均有待进一步提升。

表 10-7　主要分析十国在植物保护学科领域中的研究热点前沿表现力指数及分指标得分与排名

指标体系	指标名称	项目	美国	德国	荷兰	英国	中国	法国	意大利	澳大利亚	西班牙	日本
一级指标	国家表现力	得分	13.94	9.43	7.91	7.17	6.48	4.86	4.30	3.42	2.58	1.69
		排名	1	2	3	4	5	7	8	9	12	15
二级指标	国家贡献度	得分	3.09	2.31	1.99	2.00	1.83	1.20	1.01	0.97	0.57	0.37
		排名	1	2	4	3	5	7	8	9	12	15
三级指标	国家基础贡献度	得分	1.94	1.64	1.68	1.62	0.75	0.84	0.84	0.75	0.35	0.20
		排名	1	3	2	4	8	6	6	8	13	16
	国家潜在贡献度	得分	1.16	0.65	0.32	0.38	1.07	0.33	0.19	0.22	0.22	0.17
		排名	1	3	6	4	2	5	11	8	8	12
二级指标	国家影响度	得分	7.81	5.27	4.28	4.15	2.94	3.11	2.71	1.49	1.78	1.16
		排名	1	2	3	4	6	5	7	12	10	13
三级指标	国家基础影响度	得分	5.24	3.57	3.31	2.87	1.59	2.17	2.10	1.03	1.30	0.84
		排名	1	2	3	4	8	5	6	12	9	13
	国家潜在影响度	得分	2.56	1.71	0.97	1.27	1.36	0.93	0.62	0.47	0.50	0.31
		排名	1	2	5	4	3	6	12	10	13	
二级指标	国家引领度	得分	3.03	1.86	1.63	1.02	1.69	0.56	0.57	0.94	0.25	0.17
		排名	1	2	4	6	3	9	8	7	14	15
三级指标	国家基础引领度	得分	1.44	1.15	1.34	0.66	0.26	0.21	0.35	0.67	0.04	0.00
		排名	1	3	2	6	10	13	7	5	16	17
	国家潜在引领度	得分	1.59	0.71	0.27	0.37	1.43	0.36	0.22	0.27	0.21	0.17
		排名	1	3	7	4	2	5	10	7	11	13

　　在该领域的 8 个研究热点前沿中（表 10-8），美国、德国、荷兰和英国包揽了全部前沿表现力的第一名，其中，美国在"昆虫嗅觉识别生化与分子机制""斑翅果蝇种群动态及生物防治因子挖掘"和"杂草对草甘膦抗性的分子机制" 3 个热点前沿中的国家表现力指数得分均排名第一，这 3 个热点前沿的得分也表现出了较明显的实力优势。德国在"次生代谢物调控的植物获得性系统抗性机制"和"丝状病原菌效应蛋白调控的植物抗病性机制" 2 个热点中排名第一。荷兰在"二斑叶螨抑制植物抗性机制"和"受体蛋白在植物抗病性中的作用机制" 2 个热点前沿中排名第一。英国则在"新烟碱类农药对非靶标生物的影响"热点中排名第一。中国没有排名第一的热点前沿。

　　各国研究热点前沿国家表现力指数得分排名 2~3 名的国家较分散，主要分布在美国、德国、英国、中国、法国、意大利、澳大利亚以及未进入主要分析十国的比利时和加拿大9个国家。中国在"昆虫嗅觉识别生化与分子机制"前沿中表现力指数得分排名第二，表现优越，且与排名第一的美国得分相当，在"次生代谢物调控的植物获得性系统抗性机制"热点中表现力指数得分分别排名第三，但从得分来看，与排名第一的德国仍存差距。中国的薄弱点主要分布在"丝状病原菌效应蛋白调控的植物抗病性机制""二斑叶螨抑制植物抗性机制"和"新烟碱类农药对非靶标生物的影响"3个热点前沿中，分别全球排名第九、第十和第十四，需要全面提升表现力（附录Ⅱ附表Ⅱ-2和附录Ⅲ）。

表 10-8 主要分析十国在植物保护学科领域8个热点前沿中的国家表现力指数得分与排名

研究领域热点或前沿名称	项 目	美 国	德 国	荷 兰	英 国	中 国	法 国	意大利	澳大利亚	西班牙	日 本
植物保护学科领域汇总	得分	13.94	9.43	7.91	7.17	6.48	4.86	4.30	3.42	2.58	1.69
	排名	1	2	3	4	5	7	8	9	12	15
1. 研究热点：次生代谢物调控的植物获得性系统抗性机制	得分	1.01	2.86	0.09	0.13	1.14	0.10	0.06	0.01	0.10	0.07
	排名	4	1	9	5	3	7	11	24	7	10
2. 研究热点：丝状病原菌效应蛋白调控的植物抗病性机制	得分	0.87	1.44	0.17	1.28	0.34	1.02	0.49	1.28	0.10	0.10
	排名	5	1	11	2	9	4	8	2	12	12
3. 研究前沿：昆虫嗅觉识别生化与分子机制	得分	1.69	0.59	0.06	0.18	1.49	0.12	0.50	0.09	0.02	0.04
	排名	1	3	12	7	2	9	4	11	21	15
4. 研究热点：二斑叶螨抑制植物抗性机制	得分	0.92	0.67	2.67	0.18	0.48	0.66	0.05	0.09	1.00	0.46
	排名	6	7	1	13	10	8	16	14	4	11
5. 研究热点：斑翅果蝇种群动态及生物防治因子挖掘	得分	5.26	0.70	0.39	0.29	0.91	1.41	2.30	0.02	1.05	0.61
	排名	1	8	12	13	5	3	2	20	4	9
6. 研究热点：杂草对草甘膦抗性的分子机制	得分	1.96	0.27	0.03	0.36	0.38	0.58	0.05	1.38	0.08	0.07
	排名	1	9	17	8	7	3	16	2	12	13
7. 研究热点：新烟碱类农药对非靶标生物的影响	得分	1.78	1.06	1.01	2.50	0.30	0.85	0.79	0.46	0.13	0.22
	排名	2	4	5	1	14	6	7	9	17	16
8. 研究前沿：受体蛋白在植物抗病性中的作用机制	得分	0.45	1.84	3.49	2.25	1.44	0.12	0.06	0.09	0.10	0.12
	排名	5	3	1	2	4	7	12	10	9	7

10.2.3 畜牧兽医学科领域：美国活跃度全面领先；中国、澳大利亚、意大利个别热点前沿表现突出

在畜牧兽医学科领域的 Top10 热点前沿中（表 10-9），美国的研究热点前沿表现力指

数为 22.44 分，活跃度最高。中国得分为 14.93，位列第二，是排名第三的意大利（5.20 分）得分的近 3 倍。美国和中国包揽了各级指标的前两名，优势显著。

表 10-9 主要分析十国在畜牧兽医学科领域中的研究热点前沿表现力指数及分指标得分与排名

指标体系	指标名称	项目	美国	中国	意大利	澳大利亚	英国	西班牙	德国	法国	日本	荷兰
一级指标	国家表现力	得分	22.44	14.93	5.20	4.61	3.56	2.70	2.16	1.81	1.30	1.01
		排名	1	2	3	4	6	7	11	13	17	18
二级指标	国家贡献度	得分	5.83	3.99	1.27	1.56	0.99	0.70	0.67	0.71	0.42	0.33
		排名	1	2	4	3	6	9	10	7	14	18
三级指标	国家基础贡献度	得分	4.05	2.48	0.97	1.13	0.59	0.40	0.34	0.48	0.31	0.15
		排名	1	2	4	3	7	10	11	8	14	24
	国家潜在贡献度	得分	1.79	1.53	0.31	0.43	0.42	0.31	0.34	0.24	0.11	0.18
		排名	1	2	8	3	4	8	7	10	18	11
二级指标	国家影响度	得分	11.32	7.04	2.74	1.97	2.08	1.34	0.97	0.70	0.51	0.45
		排名	1	2	3	5	4	8	12	16	18	20
三级指标	国家基础影响度	得分	7.87	4.58	1.94	1.14	1.12	0.79	0.53	0.37	0.34	0.20
		排名	1	2	3	6	7	11	16	17	19	24
	国家潜在影响度	得分	3.47	2.46	0.80	0.82	0.95	0.55	0.44	0.34	0.16	0.26
		排名	1	2	5	4	3	8	7	9	19	11
二级指标	国家引领度	得分	5.28	3.90	1.17	1.08	0.49	0.68	0.50	0.38	0.33	0.24
		排名	1	2	3	4	9	6	8	13	14	18
三级指标	国家基础引领度	得分	3.46	1.50	0.80	0.63	0.17	0.33	0.17	0.17	0.21	0.11
		排名	1	2	3	4	13	6	13	13	12	17
	国家潜在引领度	得分	1.83	2.40	0.37	0.46	0.32	0.34	0.34	0.22	0.13	0.13
		排名	2	1	5	3	8	6	6	10	14	14

在该领域的 10 个研究热点前沿中（表 10-10），美国有 4 个热点前沿的表现力指数排名第一，占比 40%，具体包括研究热点 7、研究热点 8、研究热点 9 和研究热点 10。中国有 2 个热点前沿排名第一，意大利、澳大利亚和西班牙各有 1 个排名第一的热点前沿。非主要分析十国的加拿大在"抗菌肽的作用机理及其在动物临床中的应用研究"研究热点中排名第一。中国排名第一的热点前沿包括"猪圆环病毒 3 型的流行病学研究"研究热点和"H7N9 亚型高致病性禽流感病毒流行病学、进化及致病机理"研究前沿，且指数得分优势显著。

统计分析该领域研究热点前沿表现力指数得分排名第二、第三的国家分布情况发现，该学科领域各热点前沿排名第二、第三的国家较分散，美国有 5 个排名第二、第三的热点前沿，中国和英国各有 3 个，意大利有 1 个。中国在研究热点"猪流行性腹泻病毒流行病学、遗传进化及致病机理"和研究热点"畜禽蛋白质氨基酸营养功能研究"中表现力指数排名第二，在研究前沿"非洲猪瘟在家猪中的致病性和流行病学研究"中表现力指数排名第三，中国尽管在此学科领域的全部热点前沿表现力排名均进入前八，但研究热点 3、研究热点 7 和研究热点 8 的表现力指数得分仍与发达国家存在较大差距（附录Ⅱ附表Ⅱ-3）。除主要分析十国外，加拿大、瑞典、巴西、爱尔兰、印度、比利时和芬兰也分别摘得了个别热点前沿的第二和第三（附录Ⅲ）。

表 10-10　主要分析十国在畜牧兽医学科领域 10 个热点前沿中的国家表现力指数得分与排名

研究领域热点或前沿名称	项　目	美　国	中　国	意大利	澳大利亚	英　国	西班牙	德　国	法　国	日　本	荷　兰
畜牧兽医学科领域汇总	得分	22.44	14.93	5.20	4.61	3.56	2.70	2.16	1.81	1.30	1.01
	排名	1	2	3	4	6	7	11	13	17	18
1. 研究热点：猪圆环病毒 3 型的流行病学研究	得分	1.81	3.62	0.89	0.00	0.11	0.41	0.37	0.25	0.03	0.01
	排名	2	1	3	28	13	8	9	12	15	19
2. 研究前沿：H7N9 亚型高致病性禽流感病毒流行病学、进化及致病机理	得分	3.07	4.67	0.03	0.21	0.79	0.00	0.05	0.04	0.72	0.07
	排名	2	1	13	6	3	31	10	11	4	8
3. 研究热点：肉牛剩余采食量遗传评估及营养调控	得分	1.07	0.28	0.04	3.22	0.16	0.08	0.11	0.12	0.12	0.33
	排名	2	7	18	1	9	16	13	10	10	5
4. 研究前沿：非洲猪瘟的流行与传播研究	得分	0.36	0.86	0.66	0.29	1.05	1.86	0.74	0.57	0.01	0.03
	排名	10	3	6	12	2	1	5	8	37	26
5. 研究热点：高品质鸡肉生产技术	得分	0.88	0.26	3.24	0.03	0.08	0.09	0.09	0.08	0.02	0.02
	排名	3	5	1	13	9	7	9	9	14	14
6. 研究热点：抗菌肽的作用机理及其在动物临床中的应用研究	得分	0.93	0.49	0.18	0.14	0.17	0.08	0.15	0.33	0.04	0.08
	排名	3	4	8	12	9	14	10	7	19	14
7. 研究热点：奶牛营养平衡技术	得分	4.81	0.09	0.04	0.54	0.13	0.05	0.13	0.08	0.01	0.05
	排名	1	8	14	4	6	12	6	9	28	12
8. 研究热点：抗生素在动物中的应用及其耐药性	得分	2.71	0.46	0.06	0.10	0.49	0.09	0.10	0.23	0.03	0.38
	排名	1	7	18	14	6	16	14	10	24	8

研究领域热点或前沿名称	项 目	美 国	中 国	意大利	澳大利亚	英 国	西班牙	德 国	法 国	日 本	荷 兰
9. 研究热点：猪流行性腹泻病毒流行病学、遗传进化及致病机理	得分	3.17	0.90	0.00	0.00	0.52	0.00	0.31	0.01	0.27	0.00
	排名	1	2	13	13	3	13	6	10	7	13
10. 研究热点：畜禽蛋白质氨基酸营养功能研究	得分	3.63	3.30	0.06	0.08	0.06	0.04	0.11	0.10	0.05	0.04
	排名	1	2	8	7	8	12	4	5	11	12

10.2.4 农业资源与环境学科领域：中国总体表现力最强但仍存短板，美国紧随其后实力最均衡

在农业资源与环境学科领域的 Top8 热点前沿中（表10-11），中国的国家研究热点前沿表现力指数得分最高（15.56 分），排名第一，美国紧随其后，得分为 14.20 分，中美两国包揽了各级指标得分的前两名。西班牙尽管以 6.46 分排名第三，但从得分上看与中美两国仍存一定的差距。德国、荷兰和澳大利亚得分分别为 5.15 分、4.60 分和 4.27 分，分别排名第四、第六和第七。非主要分析十国的瑞典得分 4.91 分，位列第五。

表 10-11 主要分析十国在资源与环境学科领域中的研究热点前沿表现力指数及分指标得分与排名

指标体系	指标名称	项目	中 国	美 国	西班牙	德 国	荷 兰	澳大利亚	意大利	英 国	法 国	日 本
一级指标	国家表现力	得分	15.56	14.20	6.46	5.15	4.60	4.27	3.91	3.40	2.42	0.90
		排名	1	2	3	4	6	7	8	10	13	25
二级指标	国家贡献度	得分	4.49	4.06	1.66	1.60	1.28	1.22	0.93	0.92	0.66	0.24
		排名	1	2	3	4	5	7	9	10	13	26
三级指标	国家基础贡献度	得分	2.74	2.92	1.37	1.26	1.12	0.90	0.72	0.62	0.43	0.13
		排名	2	1	3	4	5	7	9	11	17	27
	国家潜在贡献度	得分	1.76	1.15	0.31	0.38	0.18	0.33	0.21	0.30	0.22	0.11
		排名	1	2	5	3	11	4	10	6	9	17
二级指标	国家影响度	得分	6.53	7.25	3.67	2.94	3.03	2.76	2.46	2.11	1.36	0.55
		排名	2	1	3	5	4	7	8	9	14	27

（续表）

指标体系	指标名称	项目	中 国	美 国	西班牙	德 国	荷 兰	澳大利亚	意大利	英 国	法 国	日 本
三级指标	国家基础影响度	得分	3.78	4.88	2.81	2.06	2.23	1.82	1.92	1.37	0.86	0.35
		排名	2	1	3	6	5	8	7	9	18	27
	国家潜在影响度	得分	2.75	2.37	0.85	0.88	0.81	0.95	0.56	0.74	0.50	0.21
		排名	1	2	5	4	6	3	9	7	10	18
二级指标	国家引领度	得分	4.55	2.90	1.10	0.59	0.29	0.29	0.51	0.37	0.41	0.11
		排名	1	2	3	6	11	11	7	10	9	23
三级指标	国家基础引领度	得分	2.06	1.71	0.78	0.30	0.18	0.05	0.28	0.17	0.22	0.00
		排名	1	2	3	6	11	18	7	12	9	23
	国家潜在引领度	得分	2.50	1.16	0.32	0.29	0.11	0.24	0.23	0.21	0.19	·0.11
		排名	1	2	3	4	16	7	8	9	11	16

在该学科领域 8 个热点中（表 10-12），中国有 3 个热点排名第一，且均以绝对优势领先，以此拉大了中国与其他国家的研究热点前沿总体指数得分。除此之外，中国还有 2 个热点排名第二。美国有 4 个研究热点排名第一，学科前沿表现力的指数总分不及中国，排名第二。尽管中国在该领域的总体表现力排名第一，但仍存在薄弱之处，在研究热点 1 "土壤侵蚀过程监测及相关阻控技术研究"、研究热点 5 "菌根真菌驱动的碳循环与土壤肥力"和研究热点 6 "土壤真菌群落结构及其功能"热点前沿中分别排名第八、第九和第九，这 3 个热点的第一名分别是西班牙、美国和美国。

综合比对各国在各热点的表现力发现，美国尽管研究前沿国家表现力总体得分排名第二，但其在该领域的 8 个热点中有 7 个热点排名前四，占比 87.5％，仅在研究热点 3 "土壤改良剂在作物耐逆中的应用"中表现力相对较弱，排名第十四。西班牙、荷兰、意大利、英国和法国均有一个热点前沿排名第二或第三，详见附录Ⅱ附表Ⅱ-4。此外，非主要分析十国的印度、巴基斯坦、韩国、瑞典、爱沙尼亚、马来西亚也摘得了个别前沿的第二或第三名（附录Ⅲ）。

表 10-12 主要分析十国在农业资源与环境学科领域 8 个热点前沿中的国家表现力指数得分与排名

研究领域热点或前沿名称	项 目	中 国	美 国	西班牙	德 国	荷 兰	澳大利亚	意大利	英 国	法 国	日 本
农业资源与环境学科领域汇总	得分	15.56	14.20	6.46	5.15	4.60	4.27	3.91	3.40	2.42	0.90
	排名	1	2	3	4	6	7	8	10	13	25

研究领域热点或前沿名称	项目	中国	美国	西班牙	德国	荷兰	澳大利亚	意大利	英国	法国	日本
1. 研究热点：土壤侵蚀过程监测及相关阻控技术研究	得分	0.65	1.16	3.77	1.04	2.57	0.91	2.55	0.23	0.08	0.04
	排名	8	4	1	5	2	6	3	13	16	20
2. 研究前沿：基于功能材料与生物的河湖湿地污染修复	得分	5.40	0.15	0.05	0.05	0.01	0.08	0.02	0.03	0.03	0.05
	排名	1	2	7	7	25	5	18	13	13	7
3. 研究热点：土壤改良剂在作物耐逆中的应用	得分	3.00	0.19	0.05	0.57	0.01	0.71	0.06	0.05	0.73	0.03
	排名	1	14	21	7	30	6	18	21	5	24
4. 研究热点：磷肥可持续利用与水体富营养化	得分	0.94	3.27	0.13	0.16	0.37	0.37	0.12	0.86	0.08	0.02
	排名	2	1	11	8	5	5	13	3	17	25
5. 研究热点：菌根真菌驱动的碳循环与土壤肥力	得分	0.51	2.79	0.09	0.91	0.44	0.33	0.36	0.57	1.21	0.08
	排名	9	1	25	4	11	14	12	6	3	26
6. 研究热点：土壤真菌群落结构及其功能	得分	0.95	3.65	0.76	1.72	0.71	0.71	0.64	1.38	0.21	0.57
	排名	9	1	11	5	13	13	16	6	32	19
7. 研究热点：畜禽粪便与废弃物处理再利用	得分	2.22	1.05	0.15	0.04	0.03	0.12	0.07	0.13	0.04	0.07
	排名	1	2	9	19	25	13	15	11	19	15
8. 研究热点：生物炭对农田温室气体排放的影响研究	得分	1.89	1.94	1.46	0.66	0.46	1.04	0.09	0.15	0.04	0.04
	排名	2	1	3	5	6	4	11	9	19	19

10.2.5 农产品质量与加工学科领域：意大利活跃度位居第一，美国和中国紧随其后实力相当

在农产品质量与加工学科领域的 Top6 热点前沿中（表 10-13），意大利的国家研究热点前沿表现力指数得分为 9.07 分，排名第一。美国和中国得分分别为 8.67 分和 7.73 分，领域热点前沿总体表现相当，分列第二和第三。排名前三的国家在二级指标国家贡献度、国家影响度和国家引领度中的排名也基本位列全球前三，处于第一梯队。尽管西班牙（5.17 分）排名第四，但从各级指标上看，与前三的国家在该领域仍存在一定的差距。

表 10-13　主要分析十国在农产品质量与加工学科领域中的研究热点前沿表现力指数及分指标得分与排名

指标体系	指标名称	项目	意大利	美国	中国	西班牙	澳大利亚	英国	荷兰	德国	法国	日本
一级指标	国家表现力	得分	9.07	8.67	7.73	5.17	3.80	1.34	1.01	0.94	0.91	0.23
		排名	1	2	3	4	5	11	12	13	14	34

（续表）

指标体系	指标名称	项 目	意大利	美 国	中 国	西班牙	澳大利亚	英 国	荷 兰	德 国	法 国	日 本
二级指标	国家贡献度	得分	2.59	2.60	2.18	1.66	1.04	0.31	0.20	0.18	0.26	0.06
		排名	2	1	3	4	5	12	17	19	15	31
三级指标	国家基础贡献度	得分	2.16	2.07	1.33	1.33	0.83	0.11	0.11	0.05	0.13	0.00
		排名	1	2	3	3	6	19	19	24	15	28
	国家潜在贡献度	得分	0.43	0.55	0.83	0.32	0.21	0.20	0.10	0.13	0.13	0.06
		排名	3	2	1	4	6	7	14	9	9	20
二级指标	国家影响度	得分	4.06	4.49	3.20	2.82	2.27	0.77	0.59	0.56	0.52	0.06
		排名	2	1	3	4	5	10	12	13	15	36
三级指标	国家基础影响度	得分	2.89	3.34	2.06	2.17	1.67	0.30	0.25	0.11	0.18	0.00
		排名	2	1	4	3	5	13	15	22	17	28
	国家潜在影响度	得分	1.17	1.16	1.14	0.65	0.60	0.48	0.34	0.44	0.33	0.06
		排名	1	2	3	4	5	6	9	7	10	31
二级指标	国家引领度	得分	2.43	1.56	2.34	0.71	0.51	0.25	0.22	0.20	0.14	0.11
		排名	1	3	2	5	6	9	10	11	19	22
三级指标	国家基础引领度	得分	1.89	0.96	1.06	0.34	0.30	0.05	0.11	0.05	0.00	0.00
		排名	1	3	2	5	6	15	12	15	20	20
	国家潜在引领度	得分	0.54	0.60	1.28	0.37	0.22	0.20	0.12	0.15	0.14	0.11
		排名	3	2	1	4	6	7	14	10	12	16

进一步分析主要分析十国在该领域的 6 个热点前沿中的表现发现（表 10-14），各前沿强实力国家较分散，即使排在第一位的意大利也仅有两个热点前沿表现力指数得分排名第一。美国、中国和西班牙各有 1 个热点前沿排名第一。非主要分析十国的巴西有 1 个热点前沿排名第一。

从研究热点前沿表现力指数得分上也可以看出，主要分析十国中，中国在该领域的 5 个热点前沿中的活跃度均较高，均位列前五，但在"益生菌在食品中的应用及其安全评价"热点中排名第十三，由此拉开了与意大利和美国的总分差距，非主要分析十国的巴西则在此热点中排名第一。美国在所有热点中也有优异表现，全部热点前沿均排名前六，热点前沿表现力最均衡；西班牙除 1 个排名第一的热点外，在研究热点 5 "浆果中主要生物活性物质功能研究"中排名第二。澳大利亚和英国分别在"3D 食品打印技术研究"前沿和"益生菌在食品中的应用及其安全评价"热点中排名第二（详见附录Ⅱ附表Ⅱ-5）。

此外，未列入主要分析十国的以色列、墨西哥和沙特阿拉伯也摘得了个别前沿的第二或第三名（附录Ⅲ）。

表 10-14　主要分析十国在农产品质量与加工学科领域 6 个热点前沿中的国家表现力指数得分与排名

研究领域热点或前沿名称	项　目	意大利	美　国	中　国	西班牙	澳大利亚	英　国	荷　兰	德　国	法　国	日　本
农产品质量与加工学科领域汇总	得分	9.07	8.67	7.73	5.17	3.80	1.34	1.01	0.94	0.91	0.23
	排名	1	2	3	4	5	11	12	13	14	34
1. 研究前沿：3D 食品打印技术研究	得分	0.32	1.07	2.57	0.07	2.52	0.33	0.24	0.33	0.54	0.04
	排名	10	3	1	17	2	8	11	8	5	19
2. 研究前沿：智能食品包装技术及其对食品质量安全的提升作用研究	得分	0.78	0.83	0.82	1.03	0.66	0.06	0.01	0.10	0.08	0.00
	排名	4	2	3	1	7	15	43	13	14	55
3. 研究热点：果蔬采后生物技术研究	得分	3.22	1.49	1.99	0.61	0.01	0.03	0.02	0.01	0.08	0.02
	排名	1	4	3	5	35	17	20	35	9	20
4. 研究热点：益生菌在食品中的应用及其安全评价	得分	0.51	0.72	0.14	0.35	0.43	0.72	0.67	0.34	0.12	0.03
	排名	5	2	13	9	6	2	4	10	15	24
5. 研究热点：浆果中主要生物活性物质功能研究	得分	4.18	0.30	0.39	2.56	0.13	0.11	0.04	0.08	0.04	0.09
	排名	1	6	5	2	7	9	19	14	19	10
6. 研究热点：纳米乳液制备、递送及应用	得分	0.06	4.26	1.82	0.55	0.05	0.09	0.03	0.08	0.05	0.05
	排名	14	1	2	5	18	10	25	12	18	18

10.2.6　农业信息与农业工程学科领域：中国表现力超群，美国和英国分别位居第二和第三

在农业信息与农业工程学科领域的 Top10 研究热点前沿中（表 10-15），中国表现最活跃，国家研究热点前沿表现力指数得分为 22.62 分，排名第一，是排名第二的美国（10.22 分）的 2 倍还多，美国和英国得分分别为 10.22 分和 6.87 分，排名第二和第三。对比国家研究热点前沿表现力指数各级指标排名，中国占据了全部指标的第一名，美国和英国表现也很优异，几乎包揽了全部指标的第二和第三名。

表 10-15　主要分析十国在农业信息农业与工程学科领域中的研究热点

前沿表现力指数及分指标得分与排名

指标体系	指标名称	项 目	中 国	美 国	英 国	德 国	荷 兰	澳大利亚	西班牙	意大利	法 国	日 本
一级指标	国家表现力	得分	22.62	10.22	6.87	3.15	2.67	2.55	1.81	1.28	1.18	1.15
		排名	1	2	3	9	10	11	13	17	18	20
二级指标	国家贡献度	得分	5.78	2.59	2.22	0.80	0.74	0.81	0.42	0.37	0.32	0.31
		排名	1	2	3	10	11	9	13	16	19	21
三级指标	国家基础贡献度	得分	3.46	1.78	1.91	0.57	0.64	0.57	0.20	0.19	0.11	0.18
		排名	1	3	2	9	8	9	17	18	31	19
	国家潜在贡献度	得分	2.34	0.8	0.32	0.23	0.09	0.22	0.23	0.18	0.21	0.13
		排名	1	2	4	7	18	10	7	13	11	16
二级指标	国家影响度	得分	10.33	5.65	3.96	1.71	1.38	1.32	0.96	0.67	0.59	0.70
		排名	1	2	3	8	10	11	13	18	19	16
三级指标	国家基础影响度	得分	6.48	3.85	3.05	1.15	1.00	0.81	0.54	0.34	0.15	0.47
		排名	1	2	3	8	9	11	15	21	27	16
	国家潜在影响度	得分	3.86	1.79	0.9	0.56	0.36	0.52	0.42	0.33	0.44	0.23
		排名	1	2	3	6	12	7	11	14	10	18
二级指标	国家引领度	得分	6.50	1.97	0.66	0.62	0.55	0.42	0.43	0.27	0.28	0.15
		排名	1	2	6	7	8	13	11	18	16	25
三级指标	国家基础引领度	得分	2.91	1.09	0.38	0.33	0.47	0.19	0.17	0.03	0.08	0.00
		排名	1	3	7	8	5	14	15	29	24	31
	国家潜在引领度	得分	3.58	0.90	0.30	0.29	0.09	0.24	0.27	0.24	0.19	0.15
		排名	1	2	5	6	20	11	9	11	14	16

　　在该领域的 10 个热点中（表 10-16），主要分析十国只摘得了 10 个热点前沿中的 6 个第一名，马来西亚、印度、芬兰和爱尔兰分别在研究热点 1、研究热点 4、研究热点 5 和研究热点 9 中有出色表现，排名第一。中国在研究热点 2 "膜生物反应器在污水处理中的应用"、研究热点 3 "基于深度学习的旋转机械故障诊断技术"、研究热点 6 "微纳传感技术及其在农业水土和食品危害物检测中的应用" 和研究热点 8 "绿色供应链的智能决策支持技术" 4 个热点前沿中表现突出，研究热点前沿表现力指数得分均排名第一。表现其次的是研究热点 9 "基于多元光谱成像的食品质量无损检测技术" 和研究热点 10 "木质素解聚增值技术"，排名第二，爱尔兰和美国分别在这两个热点中排名第一。中国在研究

热点 4 "生物柴油在燃油发动机中的应用" 和研究前沿 5 "基于激光与雷达的森林生物量评估技术" 中表现稍有逊色，排名第五和第六，印度和芬兰分别在这两个前沿中位列第一。

比对主要分析十国在各热点中的表现情况发现，中国总体实力最强，且表现较均衡；美国在 7 个热点中国家表现力指数均挤进前五名，其中 5 个热点挤进前三名，表现也较平稳；英国、德国和荷兰在个别热点前沿中表现也较出色（附录Ⅱ附表Ⅱ-6）。

表 10-16　主要分析十国在农业信息与农业工程学科领域 10 个热点
前沿中的国家表现力指数得分与排名

研究领域热点或前沿名称	项　目	中　国	美　国	英　国	德　国	荷　兰	澳大利亚	西班牙	意大利	法　国	日　本
农业信息与农业工程学科领域汇总	得分	22.62	10.22	6.87	3.15	2.67	2.55	1.81	1.28	1.18	1.15
	排名	1	2	3	9	10	11	13	17	18	20
1. 研究前沿：农业废弃物微波热解技术	得分	1.07	0.17	1.95	0.01	0.00	0.01	0.06	0.07	0.02	0.04
	排名	3	6	2	28	44	28	12	10	21	15
2. 研究热点：膜生物反应器在污水处理中的应用	得分	3.33	0.44	0.66	0.05	0.05	0.12	0.14	0.09	0.09	0.49
	排名	1	6	3	18	18	13	12	14	14	5
3. 研究热点：基于深度学习的旋转机械故障诊断技术	得分	4.66	0.56	0.27	0.35	0.01	0.04	0.02	0.03	0.22	0.03
	排名	1	2	7	4	27	18	22	19	10	19
4. 研究热点：生物柴油在燃油发动机中的应用	得分	0.81	1.02	0.05	0.05	0.00	0.11	0.04	0.04	0.02	0.01
	排名	5	3	14	14	43	10	16	16	24	28
5. 研究热点：基于激光与雷达的森林生物量评估技术	得分	0.82	1.35	2.66	0.75	1.43	1.41	0.08	0.48	0.29	0.05
	排名	6	5	2	7	3	4	16	9	12	20
6. 研究前沿：微纳传感技术及其在农业水土和食品危害物检测中的应用	得分	4.08	0.65	0.08	0.05	0	0.21	0.05	0.04	0.06	0.04
	排名	1	2	8	10	43	6	10	14	9	14
7. 研究热点：基于无人机遥感的植物表型分析技术	得分	0.90	1.97	0.36	1.09	0.08	0.40	0.82	0.36	0.33	0.06
	排名	3	1	7	2	19	5	4	7	9	20
8. 研究热点：绿色供应链的智能决策支持技术	得分	1.77	0.82	0.14	0.14	0.02	0.17	0.18	0.06	0.05	0.01
	排名	1	5	15	15	25	11	10	20	21	30
9. 研究热点：基于多元光谱成像的食品质量无损检测技术	得分	3.73	0.13	0.05	0.04	0.00	0.05	0.10	0.07	0.02	0.23
	排名	2	6	12	14	39	12	8	12	18	4
10. 研究热点：木质素解聚增值技术	得分	1.45	3.11	0.65	0.62	1.08	0.03	0.32	0.04	0.08	0.19
	排名	2	1	4	5	3	19	7	16	13	12

10.2.7　林业学科领域：美国高居榜首；中国排名第六，个别热点前沿表现突出

在林业学科领域的 Top6 研究热点前沿中（表 10-17），美国表现最佳，研究热点前沿表现力指数得分为 17.13 分，远超并列排名第二的英国和澳大利亚，各级指标得分也均全球排名第一。德国和中国在该领域全球排名第四和第五，国家研究热点前沿表现力指数得分分别为 5.43 分和 4.37 分。分析数据发现，中国在该领域的二级指标排名均好于基于核心论文的三级指标排名，这说明中国在热点前沿领域的跟跑成果较乐观，只是重要论文成果产出量有待提升。

表 10-17　主要分析十国在林业学科领域中的研究热点前沿表现力指数及分指标得分与排名

指标体系	指标名称	项　目	美　国	英　国	澳大利亚	德　国	中　国	意大利	法　国	西班牙	荷　兰	日　本
一级指标	国家表现力	得分	17.13	5.69	5.69	5.43	4.37	2.97	2.56	2.46	2.38	0.92
		排名	1	2	2	4	6	8	13	14	15	25
二级指标	国家贡献度	得分	5.29	1.79	1.73	1.98	1.55	1.14	1.10	0.88	0.78	0.27
		排名	1	3	5	2	6	9	10	13	16	31
三级指标	国家基础贡献度	得分	3.78	1.38	1.35	1.47	1.00	0.98	0.80	0.60	0.63	0.17
		排名	1	4	5	2	8	9	11	15	14	33
	国家潜在贡献度	得分	1.51	0.42	0.38	0.53	0.55	0.16	0.31	0.27	0.15	0.11
		排名	1	4	5	3	2	12	7	9	13	17
二级指标	国家影响度	得分	8.23	3.15	3.28	2.74	2.04	1.45	1.28	1.23	1.52	0.55
		排名	1	3	2	4	6	10	13	15	9	23
三级指标	国家基础影响度	得分	5.73	2.23	2.34	1.79	1.33	1.09	0.76	0.83	1.13	0.29
		排名	1	3	2	4	8	11	15	14	9	35
	国家潜在影响度	得分	2.49	0.93	0.94	0.94	0.71	0.36	0.53	0.40	0.39	0.27
		排名	1	4	2	2	5	12	7	10	11	15
二级指标	国家引领度	得分	3.62	0.72	0.68	0.71	0.77	0.37	0.20	0.34	0.07	0.10
		排名	1	4	6	5	2	8	16	9	20	17

（续表）

指标体系	指标名称	项　目	美 国	英 国	澳大利亚	德 国	中 国	意大利	法 国	西班牙	荷 兰	日 本
三级指标	国家基础引领度	得分	2.08	0.50	0.30	0.26	0.17	0.26	0.00	0.12	0.00	0.00
		排名	1	3	5	6	10	6	16	14	16	16
	国家潜在引领度	得分	1.55	0.23	0.38	0.46	0.60	0.12	0.20	0.23	0.07	0.10
		排名	1	5	4	3	2	11	8	5	16	12

　　在该领域的 6 个热点前沿中（表 10-18），美国保持绝对优势，在"森林植物多样性的驱动和作用机制""气候变化和海平面上升对红树林分布区及种群结构的影响""CO_2 浓度升高对森林水分利用效率的影响"和"全球气候及环境变化对森林生态系统的影响"4 个热点前沿中国家研究热点前沿表现力指数排名第一。德国继 2018 年在"混交林对比纯林的优势及产生机理"热点中排名第一后，2019 年在"混交林多样性稳定性与产量的相互关系"研究热点中依然排名第一。未列入主要分析十国的奥地利在"干扰对森林生态系统的影响"前沿中排名第一。中国没有排名第一的热点前沿。

　　统计各国排名第二、第三的热点前沿数量发现，德国有 2 个热点前沿排名第二或第三，美国、英国、澳大利亚和中国各有 1 个热点前沿排名第二，法国有 1 个热点排名第三。中国在"森林植物多样性的驱动和作用机制"热点中排名第二。总体来看，美国在该领域优势显著，且发展均衡，其他国家在各前沿中的表现力指数排名较分散，各有短板，中国有 2 个热点前沿排在前十名之外，分别是研究前沿 1 "干扰对森林生态系统的影响"和研究热点 5 "全球气候及环境变化对森林生态系统的影响"（附录Ⅱ附表Ⅱ-7）。

表 10-18　主要分析十国在林业学科领域 6 个热点前沿中的国家表现力指数得分与排名

研究领域热点或前沿名称	项　目	美 国	英 国	澳大利亚	德 国	中 国	意大利	法 国	西班牙	荷 兰	日 本
林业学科领域汇总	得分	17.13	5.69	5.69	5.43	4.37	2.97	2.56	2.46	2.38	0.92
	排名	1	2	2	4	6	8	13	14	15	25
1. 研究前沿：干扰对森林生态系统的影响	得分	0.90	0.51	0.02	1.32	0.05	1.03	0.21	0.47	0.59	0.04
	排名	8	11	24	3	21	6	14	12	10	22
2. 研究热点：森林植物多样性的驱动和作用机制	得分	4.20	1.84	1.05	0.73	2.38	0.16	0.12	0.08	0.68	0.68
	排名	1	4	8	18	2	36	40	45	19	19
3. 研究热点：混交林多样性稳定性与产量的相互关系	得分	0.46	0.21	0.14	0.65	0.23	0.18	0.36	0.32	0.06	0.03
	排名	2	7	13	1	6	9	3	4	15	19

研究领域热点或前沿名称	项 目	美 国	英 国	澳大利亚	德 国	中 国	意大利	法 国	西班牙	荷 兰	日 本
4. 研究前沿：气候变化和海平面上升对红树林分布区及种群结构的影响	得分	5.23	0.68	2.83	0.10	0.78	0.03	0.17	0.11	0.08	0.04
	排名	1	5	2	15	4	24	12	14	17	23
5. 研究热点：全球气候及环境变化对森林生态系统的影响	得分	3.21	1.71	1.34	0.28	0.42	0.31	0.75	0.52	0.54	0.04
	排名	1	2	4	19	11	18	6	9	8	24
6. 研究热点：CO_2浓度升高对森林水分利用效率的影响	得分	3.13	0.74	0.31	2.35	0.51	1.26	0.95	0.96	0.43	0.09
	排名	1	7	16	3	9	4	6	5	11	18

10.2.8 水产渔业学科领域：美国优势显著；中国位列第八，综合实力有待提升

在水产渔业学科领域的 Top6 热点前沿中（表 10-19），美国的国家研究热点前沿表现力指数得分为 14.24 分，稳居第一。英国以 7.01 分排名第二。非主要分析十国的挪威、巴西和加拿大分列第三至第五。尽管中国以 2.81 分综合排名全球第八，但国家引领度和潜在贡献度得分分别排名第六和第七，说明中国在该领域重视合作研究，成果论文中已经体现出较明显的引领地位。

表 10-19　主要分析十国在水产渔业学科领域中的研究热点前沿表现力指数及分指标得分与排名

指标体系	指标名称	项 目	美 国	英 国	法 国	澳大利亚	中 国	日 本	德 国	意大利	西班牙	荷 兰
一级指标	国家表现力	得分	14.24	7.01	3.48	3.29	2.81	2.74	2.57	2.37	1.79	0.93
		排名	1	2	6	7	8	9	10	11	13	18
二级指标	国家贡献度	得分	3.65	2.09	0.93	0.95	0.72	0.79	0.76	0.76	0.53	0.35
		排名	1	2	7	6	11	8	9	9	13	16
三级指标	国家基础贡献度	得分	2.55	1.62	0.68	0.62	0.42	0.65	0.56	0.63	0.34	0.27
		排名	1	2	6	9	13	7	10	8	15	16
	国家潜在贡献度	得分	1.10	0.47	0.26	0.33	0.32	0.14	0.20	0.13	0.19	0.08
		排名	1	4	8	6	7	11	9	12	10	16
二级指标	国家影响度	得分	7.57	4.10	2.04	1.87	1.50	1.63	1.54	1.19	1.04	0.45
		排名	1	2	6	7	10	8	9	12	13	21

指标体系	指标名称	项　目	美　国	英　国	法　国	澳大利亚	中　国	日　本	德　国	意大利	西班牙	荷　兰
三级指标	国家基础影响度	得分	5.22	2.93	1.58	1.20	1.04	1.32	1.02	0.91	0.65	0.25
		排名	1	2	6	8	9	7	10	12	14	22
	国家潜在影响度	得分	2.34	1.17	0.45	0.66	0.45	0.31	0.52	0.28	0.39	0.20
		排名	1	2	8	6	8	11	7	13	10	15
二级指标	国家引领度	得分	3.04	0.83	0.51	0.49	0.58	0.33	0.26	0.44	0.22	0.14
		排名	1	4	7	8	6	10	12	9	15	17
三级指标	国家基础引领度	得分	1.83	0.42	0.28	0.17	0.12	0.17	0.07	0.31	0.05	0.08
		排名	1	4	6	10	13	10	16	5	18	14
	国家潜在引领度	得分	1.19	0.42	0.23	0.33	0.46	0.16	0.19	0.13	0.17	0.06
		排名	1	5	8	7	4	11	9	12	10	18

在该领域的6个热点前沿中（表10-20），美国有4个热点前沿的国家表现力指数得分排名前三，其中3个热点排名第一。意大利和未列入主要分析十国的巴西、挪威分别在研究前沿1"肠道微生物群落结构对水生生物免疫系统的影响"（1.61分）、研究热点2"水生生态系统的演化及保护"（4.65分）和研究热点3"水产养殖对水域生态环境的风险评估"（4.83分）中的国家表现力指数得分排名第一。中国表现较好的是"肠道微生物群落结构对水生生物免疫系统的影响"研究前沿，排名第三，此外，在"基于环境DNA技术的生物多样性监测与保护"研究热点中排名第六，其他热点前沿排名均较靠后，综合实力有待提升（附录Ⅱ附表Ⅱ-8）。

表10-20　主要分析十国在水产渔业学科领域6个热点前沿中的国家表现力指数得分与排名

研究领域热点或前沿名称	项　目	美　国	英　国	法　国	澳大利亚	中　国	日　本	德　国	意大利	西班牙	荷　兰
水产渔业学科领域汇总	得分	14.24	7.01	3.48	3.29	2.81	2.74	2.57	2.37	1.79	0.93
	排名	1	2	6	7	8	9	10	11	13	18
1. 研究前沿：肠道微生物群落结构对水生生物免疫系统的影响	得分	0.23	0.61	0.24	0.17	1.16	0.45	0.06	1.61	0.53	0.03
	排名	13	5	12	19	3	8	32	1	6	35
2. 研究热点：水生生态系统的演化及保护	得分	2.99	1.02	0.15	0.17	0.16	0.02	0.50	0.02	0.07	0.05
	排名	2	3	10	8	9	26	4	26	14	18

（续表）

研究领域热点或前沿名称	项 目	美 国	英 国	法 国	澳大利亚	中 国	日 本	德 国	意大利	西班牙	荷 兰
3. 研究热点：水产养殖对水域生态环境的风险评估	得分	0.25	1.27	0.05	0.18	0.02	0.30	0.05	0.02	0.04	0.04
	排名	8	2	12	11	16	6	12	16	14	14
4. 研究热点：基于生态系统水平的渔业管理	得分	4.04	0.71	0.30	1.54	0.08	0.06	0.34	0.17	0.23	0.27
	排名	1	4	9	2	19	21	8	12	11	10
5. 研究前沿：基于基因组学的鱼类适应性进化解析	得分	3.18	1.95	1.38	0.41	0.74	1.29	1.31	0.47	0.63	0.25
	排名	1	2	4	15	9	6	5	13	10	18
6. 研究热点：基于环境 DNA 技术的生物多样性监测与保护	得分	3.55	1.45	1.36	0.82	0.65	0.62	0.31	0.08	0.29	0.29
	排名	1	2	3	5	6	7	10	15	11	11

附录 I 中国发表的农业热点前沿核心论文

附表 I　中国发表的农业热点前沿核心论文

序 号	题 名	参与机构	前沿名称	期刊名称	出版年	被引频次
1	The Aegilops tauschii genome reveals multiple impacts of transposons	中国农业科学院，河南农业大学，中国科学院，电子科技大学，北京诺禾致源生物信息科技有限公司	小麦基因组测序与进化分析	*Nature Plants*	2017	39
2	The uncertainty of crop yield projections is reduced by improved temperature response functions	中国农业大学，中国科学院，南京农业大学	小麦基因组测序与进化分析	*Nature Plants*	2017	47
3	Similar estimates of temperature impacts on global wheat yield by three independent methods	中国农业大学，中国科学院，南京农业大学	小麦基因组测序与进化分析	*Nature Climate Change*	2016	89
4	Biological activities and pharmaceutical applications of polysaccharide from natural resources: a review	南昌大学	作物代谢组学分析研究	*Carbohydrate Polymers*	2018	87
5	Isolation, structures and bioactivities of the polysaccharides from jujube fruit (*Ziziphus jujuba* Mill.): a review	西北农林科技大学	作物代谢组学分析研究	*Food Chemistry*	2017	47

（续表）

序号	题名	参与机构	前沿名称	期刊名称	出版年	被引频次
6	Antioxidant and immunos-timulating activities in vitro of sulfated polysaccharides isolated from *Gracilaria rubra*	南京农业大学, 济南大学	作物代谢组学分析研究	*Journal of Functional Foods*	2017	42
7	Advances on bioactive polysaccharides from medicinal plants	南昌大学, 江西农业大学, 合肥工业大学, 武汉轻工大学, 西北工业大学	作物代谢组学分析研究	*Critical Reviews in Food Science and Nutrition*	2016	70
8	Polyphenols from wolfberry and their bioactivities	济南大学	作物代谢组学分析研究	*Food Chemistry*	2017	33
9	Recent advances in bioactive polysaccharides from *Lycium barbarum* L., *Zizyphus jujuba* Mill, *Plantago* spp., and *Morus* spp.: structures and functionalities	南昌大学, 江西农业大学, 西北工业大学	作物代谢组学分析研究	*Food Hydrocolloids*	2016	60
10	Characterization of polysaccharide fractions in mulberry fruit and assessment of their antioxidant and hypoglycemic activities in vitro	华南理工大学	作物代谢组学分析研究	*Food & Function*	2016	53
11	Functional constituents and antioxidant activities of eight Chinese native goji genotypes	西南大学, 国家枸杞工程技术研究中心	作物代谢组学分析研究	*Food Chemistry*	2016	45
12	Sulfated modification, characterization and antioxidant activities of polysaccharide from *Cyclocarya paliurus*	南昌大学	作物代谢组学分析研究	*Food Hydrocolloids*	2016	90
13	Structural characterisation, physicochemical properties and antioxidant activity of polysaccharide from *Lilium lancifolium* Thunb.	合肥工业大学, 江南大学	作物代谢组学分析研究	*Food Chemistry*	2015	78
14	Extraction, chemical composition and antioxidant activity of flavonoids from *Cyclocarya paliurus* (*Batal.*) Iljinskaja leaves	南昌大学, 南通科技职业学院	作物代谢组学分析研究	*Food Chemistry*	2015	74

序 号	题 名	参与机构	前沿名称	期刊名称	出版年	被引频次
15	The Jujube (*Ziziphus Jujuba* Mill.) fruita review of current knowledge of fruit composition and health benefits	西北农林科技大学，江南大学	作物代谢组学分析研究	*Journal of Agricultural and Food Chemistry*	2013	145
16	Purification, physicochemical characterisation and anticancer activity of a polysaccharide from *Cyclocarya paliurus* leaves	南昌大学	作物代谢组学分析研究	*Food Chemistry*	2013	126
17	Jasmonates：biosynthesis, metabolism, and signaling by proteins activating and repressing transcription	首都师范大学	茉莉酸在植物防御中的作用研究	*Journal of Experimental Botany*	2017	69
18	Jasmonate action in plant growth and development	首都师范大学，清华大学	茉莉酸在植物防御中的作用研究	*Journal of Experimental Botany*	2017	57
19	Jasmonate regulates leaf senescence and tolerance to cold stress：crosstalk with other phytohormones	中国科学院	茉莉酸在植物防御中的作用研究	*Journal of Experimental Botany*	2017	50
20	Interaction between MYC2 and Ethylene Insensitive3 modulates antagonism between jasmonate and ethylene signaling in *Arabidopsis*	清华大学，中国农业大学	茉莉酸在植物防御中的作用研究	*Plant Cell*	2014	131
21	Jasmonate response decay and defense metabolite accumulation contributes to age-regulated dynamics of plant insect resistance	中国科学院，上海科技大学，浙江省农业科学院	茉莉酸在植物防御中的作用研究	*Nature Communications*	2017	35
22	The jasmonate-responsive AaMYC2 transcription factor positively regulates artemisinin biosynthesis in *Artemisia annua*	中国药科大学，上海交通大学	茉莉酸在植物防御中的作用研究	*New Phytologist*	2016	49
23	Jasmonate-responsive transcription factors regulating plant secondary metabolism	中国农业科学院	茉莉酸在植物防御中的作用研究	*Biotechnology Advances*	2016	69
24	Regulation of Jasmonate-mediated stamen development and seed production by a bHLH-MYB complex in *Arabidopsis*	清华大学	茉莉酸在植物防御中的作用研究	*Plant Cell*	2015	68

（续表）

序 号	题 名	参与机构	前沿名称	期刊名称	出版年	被引频次
25	Transcriptional mechanism of jasmonate receptor COI1-mediated delay of flowering time in *Arabidopsis*	中国科学院，浙江大学	茉莉酸在植物防御中的作用研究	*Plant Cell*	2015	64
26	Structural basis of JAZ repression of MYC transcription factors in jasmonate signalling	南京农业大学，中国科学院，浙江理工大学	茉莉酸在植物防御中的作用研究	*Nature*	2015	84
27	Uncertainty in simulating wheat yields under climate change	中国科学院	适应全球气候变化的作物产量模型	*Nature Climate Change*	2013	534
28	Crop model improvement reduces the uncertainty of the response to temperature of multi-model ensembles	南京农业大学，中国农业大学	适应全球气候变化的作物产量模型	*Field Crops Research*	2017	37
29	Rising temperatures reduce global wheat production	中国科学院，南京农业大学，中国农业大学	适应全球气候变化的作物产量模型	*Nature Climate Change*	2015	440
30	Uncertainties in predicting rice yield by current crop models under a wide range of climatic conditions	中国科学院，南京农业大学，北京师范大学	适应全球气候变化的作物产量模型	*Global Change Biology*	2015	140
31	Multimodel ensembles of wheat growth: many models are better than one	中国科学院	适应全球气候变化的作物产量模型	*Global Change Biology*	2015	160
32	How do various maize crop models vary in their responses to climate change factors?	中国科学院	适应全球气候变化的作物产量模型	*Global Change Biology*	2014	249
33	Uncertainty in simulating wheat yields under climate change	中国科学院	适应全球气候变化的作物产量模型	*Nature Climate Change*	2013	534
34	A CRISPR/Cas9 toolbox for multiplexed plant genome editing and transcriptional regulation	电子科技大学	基因组编辑技术及其在农作物中的应用	*Plant Physiology*	2015	163
35	Exploiting SNPs for biallelic CRISPR mutations in the outcrossing woody perennial Populus reveals 4-coumarate: CoA ligase specificity and redundancy	南京林业大学	基因组编辑技术及其在农作物中的应用	*New Phytologist*	2015	92

序　号	题　名	参与机构	前沿名称	期刊名称	出版年	被引频次
36	Creation of fragrant rice by targeted knockout of the OsBADH2 gene using TALEN technology	中国科学院，北京吉诺沃生物科技有限公司	基因组编辑技术及其在农作物中的应用	*Plant Biotechnology Journal*	2015	78
37	Efficient CRISPR/Cas9－mediated targeted mutagenesis in populus in the first generation	西南大学，中国科学院	基因组编辑技术及其在农作物中的应用	*Scientific Reports*	2015	144
38	Engineering canker-resistant plants through CRISPR/Cas9－targeted editing of the susceptibility gene CsLOB1 promoter in citrus	中国农业科学院，西南大学，国家柑桔品种改良中心	基因组编辑技术及其在农作物中的应用	*Plant Biotechnology Journal*	2017	68
39	Gene replacements and insertions in rice by intron targeting using CRISPR/Cas9	中国科学院	基因组编辑技术及其在农作物中的应用	*Nature Plants*	2016	67
40	High-efficiency gene targeting in hexaploid wheat using DNA replicons and CRISPR/Cas9	中国科学院	基因组编辑技术及其在农作物中的应用	*Plant Journal*	2017	80
41	Efficient DNA-free genome editing of bread wheat using CRISPR/Cas9 ribonucleoprotein complexes	中国科学院，北京吉诺沃生物科技有限公司	基因组编辑技术及其在农作物中的应用	*Nature Communications*	2017	146
42	Efficient and transgene－free genome editing in wheat through transient expression of CRISPR/Cas9 DNA or RNA	中国科学院	基因组编辑技术及其在农作物中的应用	*Nature Communications*	2016	142
43	Enhanced rice blast resistance by CRISPR/Cas9－Targeted mutagenesis of the ERF transcription factor gene OsERF922	中国农业科学院，广西大学，华南农业大学	基因组编辑技术及其在农作物中的应用	*Plos One*	2016	80
44	Generation of inheritable and "transgene clean" targeted genome－modified rice in later generations using the CRISPR/Cas9 system	安徽省农业科学院	基因组编辑技术及其在农作物中的应用	*Scientific Reports*	2015	84

（续表）

序　号	题　名	参与机构	前沿名称	期刊名称	出版年	被引频次
45	A robust CRISPR/Cas9 system for convenient, high-efficiency Multiplex genome editing in monocot and dicot plants	中国科学院，华南农业大学，亚热带农业生物资源保护与利用国家重点实验室，广东省高等学校植物功能基因组学与生物技术重点实验室，华南农业植物分子分析与遗传改良重点实验室	基因组编辑技术及其在农作物中的应用	*Molecular Plant*	2015	372
46	Development of germ-line-specific CRISPR-Cas9 systems to improve the production of heritable gene modifications in *Arabidopsis*	中国科学院	基因组编辑技术及其在农作物中的应用	*Plant Biotechnology Journal*	2016	73
47	CRISPR/Cas9 - mediated targeted mutagenesis in Nicotiana tabacum	西南大学，重庆大学	基因组编辑技术及其在农作物中的应用	*Plant Molecular Biology*	2015	117
48	Gene targeting using the *Agrobacterium tumefaciens*-mediated CRISPR-Cas system in rice	安徽省农业科学院，安徽大学	基因组编辑技术及其在农作物中的应用	*Rice*	2014	88
49	A CRISPR/Cas9 toolkit for multiplex genome editing in plants	中国农业大学	基因组编辑技术及其在农作物中的应用	*Bmc Plant Biology*	2014	263
50	Simultaneous editing of three homoeoalleles in hexaploid bread wheat confers heritable resistance to powdery mildew	中国科学院	基因组编辑技术及其在农作物中的应用	*Nature Biotechnology*	2014	518
51	The CRISPR/Cas9 system produces specific and homozygous targeted gene editing in rice in one generation	中国科学院	基因组编辑技术及其在农作物中的应用	*Plant Biotechnology Journal*	2014	346
52	Multigeneration analysis reveals the inheritance, specificity, and patterns of CRISPR/Cas-induced gene modifications in *Arabidopsis*	中国科学院	基因组编辑技术及其在农作物中的应用	*Proceedings of the National Academy of Sciences of the United States of America*	2014	294

（续表）

序 号	题 名	参与机构	前沿名称	期刊名称	出版年	被引频次
53	Genomic aberrations in the HTPAP promoter affect tumor metastasis and clinical prognosis of hepatocellular carcinoma	华南大学，复旦大学	基因组编辑技术及其在农作物中的应用	*Plos One*	2014	146
54	Transcription activator-like effector nucleases enable efficient plant genome engineering	电子科技大学	基因组编辑技术及其在农作物中的应用	*Plant Physiology*	2013	207
55	SNP-Seek database of SNPs derived from 3 000 rice genomes	中国农业科学院，华大基因	大规模重测序数据库在水稻中的应用研究	*Nucleic Acids Research*	2015	112
56	Genomic variation in 3 010 diverse accessions of Asian cultivated rice	中国农业科学院，上海交通大学，华大基因，安徽农业大学，中国农业大学，中国科学院	大规模重测序数据库在水稻中的应用研究	*Nature*	2018	91
57	The 3 000 rice genomes project	中国农业科学院，华大基因	大规模重测序数据库在水稻中的应用研究	*Gigascience*	2014	156
58	Stress induced gene expression drives transient DNA methylation changes at adjacent repetitive elements	浙江大学	脱氧核糖核酸甲基化在农业中的应用	*Elife*	2015	106
59	RNA-Directed DNA methylation: the evolution of a complex epigenetic pathway in flowering plants	台湾"中央研究院"	脱氧核糖核酸甲基化在农业中的应用	*Annual Review of Plant Biology*	2015	137
60	Epigenomic diversity in a global collection of Arabidopsis thaliana accessions	浙江省农业科学院	脱氧核糖核酸甲基化在农业中的应用	*Cell*	2016	145
61	Evolutionary patterns of genic DNA methylation vary across land plants	中国科学院	脱氧核糖核酸甲基化在农业中的应用	*Nature Plants*	2016	70
62	RNA-directed DNA methylation: an epigenetic pathway of increasing complexity	台湾"中央研究院"	脱氧核糖核酸甲基化在农业中的应用	*Nature Reviews Genetics*	2014	446

（续表）

序 号	题 名	参与机构	前沿名称	期刊名称	出版年	被引频次
63	Opposite roles of salicylic acid receptors NPR1 and NPR3/NPR4 in transcriptional regulation of plant immunity	北京生命科学研究所	次生代谢物调控的植物获得性系统抗性机制	*Cell*	2018	53
64	Beyond chemoreception: diverse tasks of soluble olfactory proteins in insects	中国农业科学院	昆虫嗅觉识别生化与分子机制	*Biological Reviews*	2018	62
65	Current SWD IPM tactics and their practical implementation in fruit crops across different regions around the world	农业部—国际应用生物科学中心生物安全联合实验室	斑翅果蝇种群动态及生物防治因子挖掘	*Journal of Pest Science*	2016	93
66	Invasion biology of spotted wing Drosophila(*Drosophila suzukii*): a global perspective and future priorities	青岛农业大学，云南农业大学，山东省农业科学院	斑翅果蝇种群动态及生物防治因子挖掘	*Journal of Pest Science*	2015	292
67	Investigating the mechanisms of glyphosate resistance in goosegrass [*Eleusine indica* (L.) Gaertn.] by RNA sequencing technology	中国农业科学院	杂草对草甘膦抗性的分子机制	*Plant Journal*	2017	18
68	Comparative chronic toxicity of imidacloprid, clothianidin, and thiamethoxam to Chironomus dilutus and estimation of toxic equivalency factors	山西大学	新烟碱类农药对非靶标生物的影响	*Environmental Toxicology and Chemistry*	2017	44
69	An RLP23-SOBIR1-BAK1 complex mediates NLP-triggered immunity	清华大学	受体蛋白在植物抗病性中的作用机制	*Nature Plants*	2015	107
70	Elicitin recognition confers enhanced resistance to Phytophthora infestans in potato	华中农业大学	受体蛋白在植物抗病性中的作用机制	*Nature Plants*	2015	77
71	Identification and genetic characterization of porcine circovirus type 3 in China	华中农业大学	猪圆环病毒 3 型的流行病学研究	*Transboundary and Emerging Diseases*	2017	73
72	The occurrence of porcine circovirus 3 without clinical infection signs in Shandong Province	山东省农业科学院，青岛农业大学，山东师范大学，中国农业科学院	猪圆环病毒 3 型的流行病学研究	*Transboundary and Emerging Diseases*	2017	59

（续表）

序　号	题　名	参与机构	前沿名称	期刊名称	出版年	被引频次
73	Presence of torque teno sus virus 1 and 2 in porcine circovirus 3-positive pigs	山东省农业科学院，青岛农业大学，山东师范大学	猪圆环病毒 3 型的流行病学研究	*Transboundary and Emerging Diseases*	2018	19
74	Insights into the epidemic characteristics and evolutionary history of the novel porcine circovirus type 3 in southern China	华南农业大学，广东省动物源性人畜共患病预防与控制重点实验室，广东省兽医临床重大疾病综合防控重点实验室	猪圆环病毒 3 型的流行病学研究	*Transboundary and Emerging Diseases*	2018	35
75	Genome characterization of a porcine circovirus type 3 in South China	华南农业大学	猪圆环病毒 3 型的流行病学研究	*Transboundary and Emerging Diseases*	2018	42
76	Biopanning of polypeptides binding to bovine ephemeral fever virus G（1）protein from phage display peptide library	山东师范大学	猪圆环病毒 3 型的流行病学研究	*Bmc Veterinary Research*	2018	17
77	A highly pathogenic avian h7n9 influenza virus isolated from a human is lethal in some ferrets infected via respiratory droplets	中国疾病预防控制中心	H7N9 亚型高致病性禽流感病毒流行病学、进化及致病机理	*Cell Host & Microbe*	2017	50
78	Update：Increase in human infections with novel Asian lineage avian influenza A（H7N9）viruses during the fifth epidemic-China, October 1, 2016 - August 7, 2017	中国疾病预防控制中心	H7N9 亚型高致病性禽流感病毒流行病学、进化及致病机理	*Mmwr - Morbidity and Mortality Weekly Report*	2017	33
79	Epidemiology, evolution, and pathogenesis of H7N9 influenza viruses in five epidemic waves since 2013 in China	南京农业大学，扬州大学，浙江大学，中国科学院，中国疾病预防控制中心	H7N9 亚型高致病性禽流感病毒流行病学、进化及致病机理	*Trends in Microbiology*	2017	77

序　号	题　名	参与机构	前沿名称	期刊名称	出版年	被引频次
80	Epidemiology of avian influenza A H7N9 virus in human beings across five epidemics in mainland China, 2013－17: an epidemiological study of laboratory-confirmed case series	中国疾病预防控制中心，复旦大学，香港大学，中国科学院，江苏省疾病预防控制中心，浙江省疾病预防控制中心，广东省疾病预防控制中心，深圳疾病预防控制中心，安徽疾病预防控制中心，湖南疾病预防控制中心，江西疾病预防控制中心，福建疾病预防控制中心，汕头大学	H7N9 亚型高致病性禽流感病毒流行病学、进化及致病机理	*Lancet Infectious Diseases*	2017	101
81	Human infection with highly pathogenic avian influenza A（H7N9）virus, China	广东省疾病预防控制中心，广州医科大学，香港大学，济南大学，中国疾病预防控制中心，澳门科技大学	H7N9 亚型高致病性禽流感病毒流行病学、进化及致病机理	*Emerging Infectious Diseases*	2017	67
82	Increase in human infections with avian influenza A（H7N9）virus during the fifth epidemic-China, October 2016-February 2017	中国疾病预防控制中心	H7N9 亚型高致病性禽流感病毒流行病学、进化及致病机理	*Mmwr-Morbidity and Mortality Weekly Report*	2017	53
83	Phenotypic and genetic relationships of feeding behavior with feed intake, growth performance, feed efficiency, and carcass merit traits in Angus and Charolais steers	贵州省畜牧技术推广站	肉牛剩余采食量遗传评估及营养调控	*Journal of Animal Science*	2014	5
84	Emergence of African swine fever in China, 2018	中国农业科学院，河南农业大学，中国人民解放军军事医学科学院，国家兽用药品工程技术研究中心	非洲猪瘟在家猪中的致病性和流行病学研究	*Transboundary and Emerging Diseases*	2018	34

（续表）

序　号	题　名	参与机构	前沿名称	期刊名称	出版年	被引频次
85	Origin, evolution, and genotyping of emergent porcine epidemic diarrhea virus strains in the United States	浙江大学，杭州贝尔塔兽医诊断实验室	猪流行性腹泻病毒流行病学、遗传进化及致病机理	*Mbio*	2013	234
86	Phylogenetic analysis of the spike (s) gene of the new variants of porcine epidemic diarrhoea virus in Taiwan	台湾大学，台湾农业委员会	猪流行性腹泻病毒流行病学、遗传进化及致病机理	*Transboundary and Emerging Diseases*	2017	17
87	Glycine metabolism in animals and humans：implications for nutrition and health	中国农业大学	畜禽蛋白质氨基酸营养功能研究	*Amino Acids*	2013	193
88	Amino acid nutrition in animals：protein synthesis and beyond	中国农业大学	畜禽蛋白质氨基酸营养功能研究	*Annual Review of Animal Biosciences*	2014	145
89	Glutamine enhances tight junction protein expression and modulates corticotropin-releasing factor signaling in the jejunum of wean ling piglets	中国农业大学	畜禽蛋白质氨基酸营养功能研究	*Journal of Nutrition*	2015	54
90	Impacts of arginine nutrition on embryonic and fetal development in mammals	中国农业大学	畜禽蛋白质氨基酸营养功能研究	*Amino Acids*	2013	260
91	Dietary requirements of "nutritionally non-essential amino acids" by animals and humans	中国农业大学，中国科学院	畜禽蛋白质氨基酸营养功能研究	*Amino Acids*	2013	167
92	Effect of Phanerochaete chrysosporium inoculation on bacterial community and metal stabilization in lead-contaminated agricultural waste composting	湖南大学	基于功能材料与生物的河湖湿地污染修复	*Bioresource Technology*	2017	52
93	Pyrolysis and reutilization of plant residues after phytoremediation of heavy metals contaminated sediments：for heavy metals stabilization and dye adsorption	湖南大学	基于功能材料与生物的河湖湿地污染修复	*Bioresource Technology*	2018	53

（续表）

序　号	题　名	参与机构	前沿名称	期刊名称	出版年	被引频次
94	High adsorption of methylene blue by salicylic acid-methanol modified steel converter slag and evaluation of its mechanism	湖南大学	基于功能材料与生物的河湖湿地污染修复	*Journal of Colloid and Interface Science*	2018	28
95	Tween 80 surfactant-enhanced bioremediation: toward a solution to the soil contamination by hydrophobic organic compounds	湖南大学	基于功能材料与生物的河湖湿地污染修复	*Critical Reviews in Biotechnology*	2018	33
96	Rhamnolipid stabilized nano-chlorapatite: synthesis and enhancement effect on Pb-and Cd-immobilization in polluted sediment	湖南大学	基于功能材料与生物的河湖湿地污染修复	*Journal of Hazardous Materials*	2018	67
97	Nanoscale zero-valent iron coated with rhamnolipid as an effective stabilizer for immobilization of Cd and Pb in river sediments	湖南大学	基于功能材料与生物的河湖湿地污染修复	*Journal of Hazardous Materials*	2018	82
98	Precipitation, adsorption and rhizosphere effect: the mechanisms for Phosphate-induced Pb immobilization in soils-a review	湖南大学	基于功能材料与生物的河湖湿地污染修复	*Journal of Hazardous Materials*	2017	106
99	Changes in heavy metal mobility and availability from contaminated wetland soil remediated with combined biochar-compost	湖南大学，浙江省农业科学院，长江科学研究院	基于功能材料与生物的河湖湿地污染修复	*Chemosphere*	2017	79
100	The effects of rice straw biochar on indigenous microbial community and enzymes activity in heavy metal-contaminated sediment	湖南大学	基于功能材料与生物的河湖湿地污染修复	*Chemosphere*	2017	71
101	Advantages and challenges of Tween 80 surfactant-enhanced technologies for the remediation of soils contaminated with hydrophobic organic compounds	湖南大学	基于功能材料与生物的河湖湿地污染修复	*Chemical Engineering Journal*	2017	61

（续表）

序　号	题　名	参与机构	前沿名称	期刊名称	出版年	被引频次
102	Effect of rhamnolipid solubilization on hexadecane bioavailability: enhancement or reduction?	湖南大学，武汉大学	基于功能材料与生物的河湖湿地污染修复	*Journal of Hazardous Materials*	2017	42
103	Immobilization of Cd in river sediments by sodium alginate modified nanoscale zero-valent iron: impact on enzyme activities and microbial community diversity	湖南大学	基于功能材料与生物的河湖湿地污染修复	*Water Research*	2016	112
104	Synthesis of surface molecular imprinted TiO$_2$/graphene photocatalyst and its highly efficient photocatalytic degradation of target pollutant under visible light irradiation	湖南大学	基于功能材料与生物的河湖湿地污染修复	*Applied Surface Science*	2016	119
105	Synthesis and evaluation of a new class of stabilized nano-chlorapatite for Pb immobilization in sediment	湖南大学	基于功能材料与生物的河湖湿地污染修复	*Journal of Hazardous Materials*	2016	57
106	Degradation of atrazine by a novel fenton-like process and assessment the influence on the treated soil	湖南大学	基于功能材料与生物的河湖湿地污染修复	*Journal of Hazardous Materials*	2016	83
107	Efficacy of carbonaceous nanocomposites for sorbing ionizable antibiotic sulfamethazine from aqueous solution	湖南大学	基于功能材料与生物的河湖湿地污染修复	*Water Research*	2016	147
108	Treatment of landfill leachate using immobilized Phanerochaete chrysosporium loaded with nitrogen-doped TiO$_2$ nanoparticles	湖南大学，湖南农业大学	基于功能材料与生物的河湖湿地污染修复	*Journal of Hazardous Materials*	2016	66
109	Hydroxyl radicals based advanced oxidation processes (AOPs) for remediation of soils contaminated with organic compounds: a review	湖南大学	基于功能材料与生物的河湖湿地污染修复	*Chemical Engineering Journal*	2016	307

序　号	题　名	参与机构	前沿名称	期刊名称	出版年	被引频次
110	Bioremediation of soils contaminated with polycyclic aromatic hydrocarbons, petroleum, pesticides, chlorophenols and heavy metals by composting: applications, microbes and future research needs	湖南大学，湖南农业大学	基于功能材料与生物的河湖湿地污染修复	*Biotechnology Advances*	2015	264
111	Electrochemical sensor based on electrodeposited graphene-au modified electrode and nanoau carrier amplified signal strategy for attomolar mercury detection	湖南大学	基于功能材料与生物的河湖湿地污染修复	*Analytical Chemistry*	2015	158
112	Linking soil fungal community structure and function to soil organic carbon chemical composition in intensively managed subtropical bamboo forests	浙江农林大学	土壤改良剂在作物耐逆中的应用	*Soil Biology & Biochemistry*	2017	39
113	Cadmium phytoremediation potential of Brassica crop species: a review	香港理工大学	土壤改良剂在作物耐逆中的应用	*Science of The Total Environment*	2018	29
114	Farmyard manure alone and combined with immobilizing amendments reduced cadmium accumulation in wheat and rice grains grown in field irrigated with raw effluents	中国科学技术大学	土壤改良剂在作物耐逆中的应用	*Chemosphere*	2018	16
115	Effects of biochar application in forest ecosystems on soil properties and greenhouse gas emissions: a review	浙江农林大学，佛山大学，广东大众农业科技股份有限公司	土壤改良剂在作物耐逆中的应用	*Journal of Soils and Sediments*	2018	46
116	A critical review on effects, tolerance mechanisms and management of cadmium in vegetables	香港理工大学	土壤改良剂在作物耐逆中的应用	*Chemosphere*	2017	75

（续表）

序　号	题　名	参与机构	前沿名称	期刊名称	出版年	被引频次
117	Bioavailability of Cd and Zn in soils treated with biochars derived from tobacco stalk and dead pigs	浙江农林大学，湖州大学，贵州省烟草公司毕节市公司，广东大众农业科技股份有限公司，宁波市畜牧兽医局	土壤改良剂在作物耐逆中的应用	*Journal of Soils and Sediments*	2017	45
118	Unraveling sorption of lead in aqueous solutions by chemically modified biochar derived from coconut fiber: a microscopic and spectroscopic investigation	佛山大学，海南大学，浙江农林大学，广东大众农业科技股份有限公司，中国科学院	土壤改良剂在作物耐逆中的应用	*Science of The Total Environment*	2017	60
119	Effect of bamboo and rice straw biochars on the mobility and redistribution of heavy metals (Cd, Cu, Pb and Zn) in contaminated soil	佛山大学，浙江农林大学，广东大众农业科技股份有限公司	土壤改良剂在作物耐逆中的应用	*Journal of Environmental Management*	2017	130
120	Immobilization and bioavailability of heavy metals in greenhouse soils amended with rice straw-derived biochar	中国科学院，武汉市农业科学院	土壤改良剂在作物耐逆中的应用	*Ecological Engineering*	2017	51
121	Effect of biochar on the extractability of heavy metals (Cd, Cu, Pb and Zn) and enzyme activity in soil	浙江农林大学，湖州大学，贵州省烟草公司毕节市公司，广东大众农业科技股份有限公司	土壤改良剂在作物耐逆中的应用	*Environmental Science and Pollution Research*	2016	112
122	Using biochar for remediation of soils contaminated with heavy metals and organic pollutants	浙江农林大学，贵州省烟草公司毕节市公司	土壤改良剂在作物耐逆中的应用	*Environmental Science and Pollution Research*	2013	258
123	Allelopathic effects of Microcystis aeruginosa on green algae and a diatom: evidence from exudates addition and co-culturing	云南大学，昆明大学	磷肥可持续利用与水体富营养化	*Harmful Algae*	2017	22
124	Global solutions to regional problems: collecting global expertise to address the problem of harmful cyanobacterial blooms. A Lake Erie case study	中国科学院	磷肥可持续利用与水体富营养化	*Harmful Algae*	2016	67

（续表）

序 号	题 名	参与机构	前沿名称	期刊名称	出版年	被引频次
125	Mitigating cyanobacterial harmful algal blooms in aquatic ecosystems impacted by climate change and anthropogenic nutrients	中国科学院	磷肥可持续利用与水体富营养化	*Harmful Algae*	2016	102
126	An overview of diversity, occurrence, genetics and toxin production of bloom-forming *Dolichospermum* （Anabaena） species	中国科学院	磷肥可持续利用与水体富营养化	*Harmful Algae*	2016	39
127	Long－term accumulation and transport of anthropogenic phosphorus in three river basins	中国农业大学	磷肥可持续利用与水体富营养化	*Nature Geoscience*	2016	86
128	Integrating legacy soil phosphorus into sustainable nutrient management strategies for future food, bioenergy and water security	中国农业大学	磷肥可持续利用与水体富营养化	*Nutrient Cycling in Agroecosystems*	2016	66
129	A half－century of global phosphorus flows, stocks, production, consumption, recycling, and environmental impacts	中国农业科学院	磷肥可持续利用与水体富营养化	*Global Environmental Change－Human and Policy Dimensions*	2016	42
130	A review of reproductive toxicity of microcystins	中国科学院，华中农业大学	磷肥可持续利用与水体富营养化	*Journal of Hazardous Materials*	2016	93
131	Similar below-ground carbon cycling dynamics but contrasting modes of nitrogen cycling between arbuscular mycorrhizal and ectomycorrhizal forests	中国科学院	菌根真菌驱动的碳循环与土壤肥力	*New Phytologist*	2017	43
132	Global diversity and geography of soil fungi	中国科学院，浙江大学	土壤真菌群落结构及其功能	*Science*	2014	820
133	Enhancing the productivity of microalgae cultivated in wastewater toward biofuel production: a critical review	天津大学	畜禽粪便与废弃物处理再利用	*Applied Energy*	2015	119
134	Biosequestration of atmospheric CO_2 and flue gas－containing CO_2 by microalgae	台湾成功大学	畜禽粪便与废弃物处理再利用	*Bioresource Technology*	2015	117

（续表）

序　号	题　名	参与机构	前沿名称	期刊名称	出版年	被引频次
135	Process effect of microalgal-carbon dioxide fixation and biomass production: a review	东华大学，上海理工大学	畜禽粪便与废弃物处理再利用	*Renewable & Sustainable Energy Reviews*	2014	125
136	Nutrient removal and biodiesel production by integration of freshwater algae cultivation with piggery wastewater treatment	中国科学院	畜禽粪便与废弃物处理再利用	*Water Research*	2013	193
137	Biochar's effect on crop productivity and the dependence on experimental conditions-a meta-analysis of literature data	南京农业大学	生物炭对农田温室气体排放的影响研究	*Plant and Soil*	2013	226
138	Biochar impacts soil microbial community composition and nitrogen cycling in an acidic soil planted with Rape	中国科学院	生物炭对农田温室气体排放的影响研究	*Environmental Science & Technology*	2014	169
139	Investigation on fish surimi gel as promising food material for 3D printing	江南大学，扬州冶春食品生产配送股份有限公司	3D食品打印技术研究	*Journal of Food Engineering*	2018	40
140	Impact of rheological properties of mashed potatoes on 3D printing	江南大学，扬州冶春食品生产配送股份有限公司	3D食品打印技术研究	*Journal of Food Engineering*	2018	43
141	Extrusion-based food printing for digitalized food design and nutrition control	西交利物浦大学，新加坡国立大学苏州研究院	3D食品打印技术研究	*Journal of Food Engineering*	2018	39
142	Investigation on lemon juice gel as food material for 3D printing and optimization of printing parameters	江南大学，中山市佳乐食品有限公司	3D食品打印技术研究	*Lwt-Food Science and Technology*	2018	49
143	A comprehensive review on the application of active packaging technologies to muscle foods	中国海洋大学	智能食品包装技术及其对食品质量安全的提升作用研究	*Food Control*	2017	31
144	Induced resistance to control postharvest decay of fruit and vegetables	甘肃农业大学，中国科学院	果蔬采后生物技术研究	*Postharvest Biology and Technology*	2016	69
145	Review: Utilization of antagonistic yeasts to manage postharvest fungal diseases of fruit	合肥工业大学，四川大学	果蔬采后生物技术研究	*International Journal of Food Microbiology*	2013	161

（续表）

序　号	题　名	参与机构	前沿名称	期刊名称	出版年	被引频次
146	Comparison of emulsifying properties of food - grade polysaccharides in oil - in - water emulsions: Gum arabic, beet pectin, and corn fiber gum	东北林业大学	纳米乳液制备、递送及应用	*Food Hydrocolloids*	2017	53
147	Recent advances in the utilization of natural emulsifiers to form and stabilize emulsions	东北林业大学	纳米乳液制备、递送及应用	*Annual Review of Food Science and Technology*	2017	57
148	Enhancing nutraceutical bioavailability using excipient emulsions: Influence of lipid droplet size on solubility and bioaccessibility of powdered curcumin	南昌大学	纳米乳液制备、递送及应用	*Journal of Functional Foods*	2015	68
149	The physicochemical stability and in vitro bioaccessibility of beta - carotene in oil - in - water sodium caseinate emulsions	江南大学	纳米乳液制备、递送及应用	*Food Hydrocol loids*	2014	106
150	Influence of emulsifier type on gastrointestinal fate of oil - in - water emulsions containing anionic dietary fiber（pectin）	江南大学	纳米乳液制备、递送及应用	*Food Hydrocolloids*	2015	90
151	Stability and bioaccessibility of beta - Carotene in nanoemulsions stabilized by modified starches	江南大学	纳米乳液制备、递送及应用	*Journal of Agricultural and Food Chemistry*	2013	101
152	A facile method for simulating randomly rough membrane surface associated with interface behaviors	浙江师范大学	膜生物反应器在污水处理中的应用	*Applied Surface Science*	2018	35
153	Membrane fouling in a membrane bioreactor: high filtration resistance of gel layer and its underlying mechanism	浙江师范大学	膜生物反应器在污水处理中的应用	*Water Research*	2016	103
154	Membrane fouling in a submerged membrane bioreactor: impacts of floc size	浙江师范大学	膜生物反应器在污水处理中的应用	*Chemical Engineering Journal*	2015	98

（续表）

序　号	题　名	参与机构	前沿名称	期刊名称	出版年	被引频次
155	Membrane cleaning in membrane bioreactors: a review	同济大学，香港大学	膜生物反应器在污水处理中的应用	*Journal of Membrane Science*	2014	270
156	A critical review of extracellular polymeric substances (EPSs) in membrane bioreactors: characteristics, roles in membrane fouling and control strategies	浙江师范大学，中山大学	膜生物反应器在污水处理中的应用	*Journal of Membrane Science*	2014	263
157	A review on anaerobic membrane bioreactors: applications, membrane fouling and future perspectives	浙江师范大学	膜生物反应器在污水处理中的应用	*Desalination*	2013	242
158	A deep convolutional neural network with new training methods for bearing fault diagnosis under noisy environment and different working load	哈尔滨工业大学	基于深度学习的旋转机械故障诊断技术	*Mechanical Systems and Signal Processing*	2018	93
159	A novel deep autoencoder feature learning method for rotating machinery fault diagnosis	西北工业大学	基于深度学习的旋转机械故障诊断技术	*Mechanical Systems and Signal Processing*	2017	84
160	An enhancement deep feature fusion method for rotating machinery fault diagnosis	西北工业大学	基于深度学习的旋转机械故障诊断技术	*Knowledge-Based Systems*	2017	52
161	Rolling bearing fault detection and diagnosis based on composite multiscale fuzzy entropy and ensemble support vector machines	湖南大学，安徽工业大学	基于深度学习的旋转机械故障诊断技术	*Mechanical Systems and Signal Processing*	2017	49
162	Hierarchical adaptive deep convolution neural network and its application to bearing fault diagnosis	苏州大学	基于深度学习的旋转机械故障诊断技术	*Measurement*	2016	116
163	Fault diagnosis of rotary machinery components using a stacked denoising autoencoder-based health state identification	北京航空航天大学	基于深度学习的旋转机械故障诊断技术	*Signal Processing*	2017	111

（续表）

序　号	题　名	参与机构	前沿名称	期刊名称	出版年	被引频次
164	A sparse auto‐encoder‐based deep neural network approach for induction motor faults classification	西南大学，西安交通大学	基于深度学习的旋转机械故障诊断技术	*Measurement*	2016	128
165	Gearbox fault diagnosis based on deep random forest fusion of acoustic and vibratory signals	重庆工商大学	基于深度学习的旋转机械故障诊断技术	*Mechanical Systems and Signal Processing*	2016	93
166	Extracting repetitive transients for rotating machinery diagnosis using multiscale clustered grey infogram	东莞理工学院	基于深度学习的旋转机械故障诊断技术	*Mechanical Systems and Signal Processing*	2016	54
167	An intelligent fault diagnosis method using unsupervised feature learning towards mechanical big data	西安交通大学	基于深度学习的旋转机械故障诊断技术	*Ieee Transactions On Industrial Electronics*	2016	188
168	Deep neural networks：a promising tool for fault characteristic mining and intelligent diagnosis of rotating machinery with massive data	西安交通大学	基于深度学习的旋转机械故障诊断技术	*Mechanical Systems and Signal Processing*	2016	345
169	Construction of hierarchical diagnosis network based on deep learning and its application in the fault pattern recognition of rolling element bearings	中国科学技术大学	基于深度学习的旋转机械故障诊断技术	*Mechanical Systems and Signal Processing*	2016	133
170	Spectral kurtosis for fault detection, diagnosis and prognostics of rotating machines：a review with applications	桂林电子科技大学，温州大学	基于深度学习的旋转机械故障诊断技术	*Mechanical Systems and Signal Processing*	2016	140
171	Multimodal deep support vector classification with homologous features and its application to gearbox fault diagnosis	重庆工商大学	基于深度学习的旋转机械故障诊断技术	*Neurocomputing*	2015	113
172	Criterion fusion for spectral segmentation and its application to optimal demodulation of bearing vibration signals	重庆工商大学	基于深度学习的旋转机械故障诊断技术	*Mechanical Systems and Signal Processing*	2015	73

序　号	题　名	参与机构	前沿名称	期刊名称	出版年	被引频次
173	An enhanced Kurtogram method for fault diagnosis of rolling element bearings	香港城市大学	基于深度学习的旋转机械故障诊断技术	*Mechanical Systems and Signal Processing*	2013	169
174	Combustion and emission characteristics of diesel engine fueled with diesel/biodiesel/pentanol fuel blends	清华大学	生物柴油在燃油发动机中的应用	*Fuel*	2015	117
175	Terrestrial laser scanning in forest inventories	中国林业科学研究院	基于激光与雷达的森林生物量评估技术	*Isprs Journal of Photogrammetry and Remote Sensing*	2016	148
176	Simultaneous determination of trace Cd（Ⅱ）, Pb（Ⅱ）and Cu（Ⅱ）by differential pulse anodic stripping voltammetry using a reduced graphene oxide-chitosan/poly-L-lysine nanocomposite modified glassy carbon electrode	沈阳化工大学, 哈尔滨工业大学深圳研究生院	微纳传感技术及其在农业水土和食品危害物检测中的应用	*Journal of Colloid and Interface Science*	2017	62
177	An electrochemical sensor based on phytic acid functionalized polypyrrole/graphene oxide nanocomposites for simultaneous determination of Cd（Ⅱ）and Pb（Ⅱ）	山东大学	微纳传感技术及其在农业水土和食品危害物检测中的应用	*Chemical Engineering Journal*	2016	72
178	Development of gold-doped carbon foams as a sensitive electrochemical sensor for simultaneous determination of Pb（Ⅱ）and Cu（Ⅱ）	武汉工程大学	微纳传感技术及其在农业水土和食品危害物检测中的应用	*Chemical Engineering Journal*	2016	55
179	Simultaneously determination of trace Cd^{2+} and Pb^{2+} based on L-cysteine/graphene modified glassy carbon electrode	南京师范大学, 江苏省农业科学院, 江苏大学	微纳传感技术及其在农业水土和食品危害物检测中的应用	*Food Chemistry*	2016	63
180	Electrochemical sensing of heavy metal ions with inorganic, organic and biomaterials	南京大学	微纳传感技术及其在农业水土和食品危害物检测中的应用	*Biosensors & Bioelectronics*	2015	209

（续表）

序 号	题 名	参与机构	前沿名称	期刊名称	出版年	被引频次
181	Development of an electro-chemically reduced graphene oxide modified dispos-able bismuth film electrode and its application for strip-ping analysis of heavy metals in milk	浙江大学	微纳传感技术及其在农业水土和食品危害物检测中的应用	*Food Chemistry*	2014	86
182	A sensitive aptasensor for colorimetric detection of a-denosine triphosphate based on the protective effect of ATP-aptamer complexes on unmodified gold nanoparti-cles	陕西师范大学	微纳传感技术及其在农业水土和食品危害物检测中的应用	*Biosensors & Bio-electronics*	2016	79
183	A novel colorimetric apta-sensor using cysteamine-stabilized gold nanoparticles as probe for rapid and spe-cific detection of tetracyc-line in raw milk	吉林大学	微纳传感技术及其在农业水土和食品危害物检测中的应用	*Food Control*	2015	65
184	Aptamer-based fluorescence biosensor for chloram-phenicol determination using upconversion nanoparticles	江南大学, 中国农村技术开发中心	微纳传感技术及其在农业水土和食品危害物检测中的应用	*Food Control*	2015	92
185	Nucleic acid aptamer-guid-ed cancer therapeutics and diagnostics: the next gen-eration of cancer medicine	大连大学	微纳传感技术及其在农业水土和食品危害物检测中的应用	*Theranostics*	2015	102
186	An electrochemical aptasen-sor based on gold nanopar-ticles dotted graphene modi-fied glassy carbon electrode for label-free detection of bisphenol A in milk sam-ples	浙江大学, 杭州电子科技大学	微纳传感技术及其在农业水土和食品危害物检测中的应用	*Food Chemistry*	2014	115
187	Aptamer-based biosensors for biomedical diagnostics	中南大学	微纳传感技术及其在农业水土和食品危害物检测中的应用	*Analyst*	2014	198

（续表）

序 号	题 名	参与机构	前沿名称	期刊名称	出版年	被引频次
188	Unmanned aerial vehicle remote sensing for field - based crop phenotyping: current status and perspectives	南京农业大学，北京农林科学院，江苏里下河地区农业科学研究所，农业部农业信息技术重点实验室，国家农业信息化工程技术研究中心	基于无人机遥感的植物表型分析技术	*Frontiers in Plant Science*	2017	66
189	Drone remote sensing for forestry research and practices	中国科学院	基于无人机遥感的植物表型分析技术	*Journal of Forestry Research*	2015	93
190	Combining UAV - based plant height from crop surface models, visible, and near infrared vegetation indices for biomass monitoring in barley	中国农业大学	基于无人机遥感的植物表型分析技术	*International Journal of Applied Earth Observation and Geoinformation*	2015	176
191	A review of imaging techniques for plant phenotyping	上海交通大学	基于无人机遥感的植物表型分析技术	*Sensors*	2014	223
192	Estimating biomass of barley using crop surface models (CSMs) derived from UAV-based RGB imaging	中国农业大学	基于无人机遥感的植物表型分析技术	*Remote Sensing*	2014	158
193	Characterization of myofibrils cold structural deformation degrees of frozen pork using hyperspectral imaging coupled with spectral angle mapping algorithm	华南理工大学，广东省工程技术研究开发中心	基于无人机遥感的植物表型分析技术	*Food Chemistry*	2018	41
194	Prediction of textural changes in grass carp fillets as affected by vacuum freeze drying using hyperspectral imaging based on integrated group wavelengths	华南理工大学，广东省工程技术研究开发中心	基于无人机遥感的植物表型分析技术	*Lwt-Food Science and Technology*	2017	61
195	Partial least squares regression (PLSR) applied to NIR and HSI spectral data modeling to predict chemical properties of fish muscle	华南理工大学	基于无人机遥感的植物表型分析技术	*Food Engineering Reviews*	2017	51

（续表）

序　号	题　名	参与机构	前沿名称	期刊名称	出版年	被引频次
196	Determination of trace thio-phanate-methyl and its me-tabolite carbendazim with teratogenic risk in red bell pepper（*Capsicumannuum L.*）by surface-enhanced Raman imaging technique	华南理工大学	基于无人机遥感的植物表型分析技术	*Food Chemistry*	2017	65
197	Mapping moisture contents in grass carp（*Ctenopha-ryngodon idella*）slices un-der different freeze drying periods by Vis-NIR hyper-spectral imaging	华南理工大学	基于无人机遥感的植物表型分析技术	*Lwt-Food Science and Technology*	2017	65
198	Emerging techniques for as-sisting and accelerating food freezing processes: a review of recent research progres-ses	华南理工大学	基于无人机遥感的植物表型分析技术	*Critical Reviews in Food Science and Nutrition*	2017	73
199	Nondestructive measurements of freezing parameters of frozen porcine meat by NIR hyperspectral imaging	华南理工大学	基于无人机遥感的植物表型分析技术	*Food and Biopr-ocess Technology*	2016	83
200	Developing a multispectral imaging for simultaneous prediction of freshness indi-cators during chemical spo-ilage of grass carp fish fillet	华南理工大学，中国农业机械化科学研究院，唐人神集团，北京卓立汉光仪器有限公司，浙江睿洋科技有限公司	基于无人机遥感的植物表型分析技术	*Journal of Food Engineering*	2016	64
201	Spectral absorption index in hyperspectral image analy-sis for predicting moisture contents in pork longissimus dorsi muscles	华南理工大学	基于无人机遥感的植物表型分析技术	*Food Chemistry*	2016	57
202	Combining the genetic algo-rithm and successive pro-jection algorithm for the se-lection of feature waveleng-ths to evaluate exudative characteristics in frozen-thawed fish muscle	华南理工大学	基于无人机遥感的植物表型分析技术	*Food Chemistry*	2016	85

（续表）

序 号	题 名	参与机构	前沿名称	期刊名称	出版年	被引频次
203	Prediction of total volatile basic nitrogen contents using wavelet features from visible/near‐infrared hyperspectral images of prawn (*Metapenaeus ensis*)	华南理工大学	基于无人机遥感的植物表型分析技术	*Food Chemistry*	2016	63
204	Selection of feature wavelengths for developing multispectral imaging systems for quality, safety and authenticity of muscle foods‐a review	华南理工大学	基于无人机遥感的植物表型分析技术	*Trends in Food Science & Technology*	2015	69
205	Development of hyperspectral imaging coupled with chemometric analysis to monitor K value for evaluation of chemical spoilage in fish fillets	华南理工大学	基于无人机遥感的植物表型分析技术	*Food Chemistry*	2015	71
206	Rapid quantification analysis and visualization of escherichia coli loads in grass carp fish flesh by hyperspectral imaging method	华南理工大学	基于无人机遥感的植物表型分析技术	*Food and Bioprocess Technology*	2015	58
207	Rapid and non‐invasive detection of fish microbial spoilage by visible and near infrared hyperspectral imaging and multivariate analysis	华南理工大学	基于无人机遥感的植物表型分析技术	*Lwt‐Food Science and Technology*	2015	78
208	Non‐destructive prediction of thiobarbituric acid reactive substances (TSARS) value for freshness evaluation of chicken meat using hyperspectral imaging	华南理工大学	基于无人机遥感的植物表型分析技术	*Food Chemistry*	2015	95
209	Application of Vis‐NIR hyperspectral imaging in classification between fresh and frozen‐thawed pork Longissimus Dorsi muscles	华南理工大学	基于无人机遥感的植物表型分析技术	*International Journal of Refrigeration‐Revue Internationale Du Froid*	2015	79
210	Classification of fresh and frozen‐thawed pork muscles using visible and near infrared hyperspectral imaging and textural analysis	华南理工大学	基于无人机遥感的植物表型分析技术	*Meat Science*	2015	104

（续表）

序　号	题　名	参与机构	前沿名称	期刊名称	出版年	被引频次
211	Suitability of hyperspectral imaging for rapid evaluation of thiobarbituric acid（TBA）value in grass carp（Ctenopharyngodon idella）fillet	华南理工大学	基于无人机遥感的植物表型分析技术	*Food Chemistry*	2015	73
212	Application of visible and near infrared hyperspectral imaging to differentiate between fresh and frozen-thawed fish fillets	浙江大学	基于无人机遥感的植物表型分析技术	*Food and Bioprocess Technology*	2013	110
213	Recent advances in wavelength selection techniques for hyperspectral image processing in the food industry	华南理工大学	基于无人机遥感的植物表型分析技术	*Food and Bioprocess Technology*	2014	183
214	Carbon footprint based green supplier selection under dynamic environment	上海海事大学	绿色供应链的智能决策支持技术	*Journal of Cleaner Production*	2018	14
215	An extended TODIM multicriteria group decision making method for green supplier selection in interval type-2 fuzzy environment	武汉理工大学，西南大学	绿色供应链的智能决策支持技术	*European Journal of Operational Research*	2017	142
216	Improving sustainable supply chain management using a novel hierarchical grey-DEMATEL approach	台湾"中央大学"，龙华科技大学，台湾科技大学，台湾屏东科技大学	绿色供应链的智能决策支持技术	*Journal of Cleaner Production*	2016	84
217	New hybrid COPRAS-G MADM Model for improving and selecting suppliers in green supply chain management	台北科技大学，台湾交通大学，台北大学	绿色供应链的智能决策支持技术	*International Journal of Production Research*	2016	101
218	A case study of using DEMATEL method to identify critical factors in green supply chain management	台湾彰化师范大学，顺德工业股份有限公司	绿色供应链的智能决策支持技术	*Applied Mathematics and Computation*	2015	43
219	Analyzing internal barriers for automotive parts remanufacturers in China using grey-DEMATEL approach	大连理工大学	绿色供应链的智能决策支持技术	*Journal of Cleaner Production*	2015	127

（续表）

序　号	题　名	参与机构	前沿名称	期刊名称	出版年	被引频次
220	Using DEMATEL to develop a carbon management model of supplier selection in green supply chain management	东南科技大学，中原大学，台北科技大学	绿色供应链的智能决策支持技术	*Journal of Cleaner Production*	2013	205
221	Using fuzzy DEMATEL to evaluate the green supply chain management practices	龙华科技大学	绿色供应链的智能决策支持技术	*Journal of Cleaner Production*	2013	204
222	Evaluating firm's green supply chain management in linguistic preferences	龙华科技大学	绿色供应链的智能决策支持技术	*Journal of Cleaner Production*	2013	159
223	Catalytic transformation of lignin for the production of chemicals and fuels	中国科学院	木质素解聚增值技术	*Chemical Reviews*	2015	720
224	Lignin depolymerisation strategies: towards valuable chemicals and fuels	郑州轻工业大学，香港城市大学	木质素解聚增值技术	*Chemical Society Reviews*	2014	393
225	Lignin depolymerization (LDP) in alcohol over nickel-based catalysts via a fragmentation-hydrogenolysis process	中国科学院	木质素解聚增值技术	*Energy & Environmental Science*	2013	420
226	Density-dependent survival varies with species life-history strategy in a tropical forest	中国科学院	森林植物多样性的驱动和作用机制	*Ecology Letters*	2018	15
227	Plant diversity increases with the strength of negative density dependence at the global scale	东海大学，台湾林业试验所，中山大学，台湾大学，台湾东华大学	森林植物多样性的驱动和作用机制	*Science*	2017	66
228	Higher predation risk for insect prey at low latitudes and elevations	香港大学，中国科学院	森林植物多样性的驱动和作用机制	*Science*	2017	80
229	CTFS-Forest GEO: a worldwide network monitoring forests in an era of global change	中国科学院，香港大学，中国林业科学院，台湾东华大学，华东师范大学，嘉道理农场暨植物园	森林植物多样性的驱动和作用机制	*Global Change Biology*	2015	186

（续表）

序　号	题　名	参与机构	前沿名称	期刊名称	出版年	被引频次
230	Testing predictions of the Janzen-Connell hypothesis: a meta-analysis of experimental evidence for distance and density-dependent seed and seedling survival	中国科学院	森林植物多样性的驱动和作用机制	*Journal of Ecology*	2014	202
231	Positive biodiversity-productivity relationship predominant in global forests	中国林业科学院	混交林多样性稳定性与产量的相互关系	*Science*	2016	243
232	How mangrove forests adjust to rising sea level	厦门大学	气候变化和海平面上升对红树林分布区及种群结构的影响	*New Phytologist*	2014	162
233	Long-term decline of the Amazon carbon sink	台湾中兴大学	全球气候及环境变化对森林生态系统的影响	*Nature*	2015	300
234	Prebiotics and fish immune response: a review of current knowledge and future perspectives	集美大学	肠道微生物群落结构对水生生物免疫功能的影响	*Reviews in Fisheries Science & Aquaculture*	2015	66
235	Effect of dietary components on the gut microbiota ofaquatic animals. A never-ending story?	中国农业科学院	肠道微生物群落结构对水生生物免疫功能的影响	*Aquaculture Nutrition*	2016	105
236	Short-chain fatty acids as feed supplements for sustainable aquaculture: an updated view	集美大学	肠道微生物群落结构对水生生物免疫功能的影响	*Aquaculture Research*	2017	42
237	Probiotics and prebiotics associated with aquaculture: a review	浙江大学，中国海洋大学	肠道微生物群落结构对水生生物免疫功能的影响	*Fish & Shellfish Immunology*	2015	109
238	Progress in fish gastrointestinal microbiota research	中国农业科学院	肠道微生物群落结构对水生生物免疫功能的影响	*Reviews in Aquaculture*	2018	62
239	The functionality of prebiotics as immunostimulant: evidences from trials on terrestrial and aquatic animals	中国地质大学，华中农业大学	肠道微生物群落结构对水生生物免疫功能的影响	*Fish & Shellfish Immunology*	2018	30
240	Application of immunostimulants in aquaculture: current knowledge and future perspectives	大连海洋大学，辽宁大学化学院分析化学研究所，大连市产品质量检测研究院	肠道微生物群落结构对水生生物免疫功能的影响	*Aquaculture Research*	2017	30

（续表）

序　号	题　名	参与机构	前沿名称	期刊名称	出版年	被引频次
241	The Atlantic salmon genome provides insights into rediploidization	华大基因	基于基因组学的鱼类适应性进化解析	*Nature*	2016	270
242	The spotted gar genome illuminates vertebrate evolution and facilitates human-teleost comparisons	苏州大学	基于基因组学的鱼类适应性进化解析	*Nature Genetics*	2016	185
243	A new versatile primer set targeting a short fragment of the mitochondrial COI region for metabarcoding metazoan diversity: application for characterizing coral reef fish gut contents	台湾"中央研究院"	基于环境 DNA 技术的生物多样性监测与保护	*Frontiers in Zoology*	2013	249
244	Reliable, verifiable and efficient monitoring of biodiversity via metabarcoding	中国科学院	基于环境 DNA 技术的生物多样性监测与保护	*Ecology Letters*	2013	236
245	Environmental DNA for wildlife biology and biodiversity monitoring	中国科学院	基于环境 DNA 技术的生物多样性监测与保护	*Trends in Ecology & Evolution*	2014	308

附录 II 主要十国在八大学科领域各热点前沿中的国家表现力指数指标得分及排名

附表 II-1　主要十国作物学科领域各热点前沿表现力指数及分指标得分与排名

研究热点或前沿名称	指标体系	指标名称	项目	美国	中国	英国	德国	意大利	法国	澳大利亚	日本	荷兰	西班牙
1. 研究前沿：小麦基因组测序与进化分析	一级指标	国家表现力	得分	2.15	1.38	2.96	1.48	0.78	0.30	0.90	0.77	0.15	0.14
			排名	2	4	1	3	8	10	6	9	15	17
	二级指标	国家贡献度	得分	0.56	0.42	0.82	0.42	0.20	0.05	0.27	0.20	0.01	0.02
			排名	2	3	1	3	8	10	5	8	18	13
	三级指标	国家基础贡献度	得分	0.33	0.17	0.67	0.33	0.17	0.00	0.17	0.17	0.00	0.00
			排名	2	4	1	2	4	10	4	4	10	10
		国家潜在贡献度	得分	0.23	0.26	0.15	0.09	0.04	0.05	0.10	0.03	0.01	0.02
			排名	2	1	3	5	8	7	4	11	18	13
	二级指标	国家影响度	得分	1.22	0.50	1.32	0.99	0.54	0.22	0.56	0.55	0.13	0.11
			排名	2	9	1	3	8	10	6	7	13	17
	三级指标	国家基础影响度	得分	0.72	0.10	0.83	0.73	0.42	0.00	0.31	0.42	0.00	0.00
			排名	3	9	1	2	4	10	8	4	10	10
		国家潜在影响度	得分	0.49	0.40	0.49	0.27	0.12	0.22	0.25	0.13	0.13	0.11
			排名	1	3	1	4	14	7	5	11	11	17
	二级指标	国家引领度	得分	0.37	0.46	0.82	0.06	0.04	0.03	0.07	0.03	0.01	0.01
			排名	3	2	1	6	7	9	5	9	12	12
	三级指标	国家基础引领度	得分	0.17	0.17	0.67	0.00	0.00	0.00	0.00	0.00	0.00	0.00
			排名	2	2	1	5	5	5	5	5	5	5
		国家潜在引领度	得分	0.20	0.29	0.15	0.06	0.04	0.03	0.07	0.03	0.01	0.01
			排名	2	1	3	5	6	9	4	8	12	12

（续表）

研究热点或前沿名称	指标体系	指标名称	项目	美国	中国	英国	德国	意大利	法国	澳大利亚	日本	荷兰	西班牙
2. 研究热点：作物代谢组学分析研究	一级指标	国家表现力	得分	0.18	3.43	0.23	0.19	0.97	0.33	0.02	0.01	0.00	0.09
			排名	10	1	7	8	2	6	26	29	43	18
	二级指标	国家贡献度	得分	0.09	0.97	0.09	0.05	0.36	0.10	0.01	0.00	0.00	0.02
			排名	7	1	7	12	2	5	24	32	32	20
	三级指标	国家基础贡献度	得分	0.04	0.52	0.08	0.04	0.28	0.08	0.00	0.00	0.00	0.00
			排名	8	1	5	8	2	5	19	19	19	19
		国家潜在贡献度	得分	0.05	0.45	0.01	0.01	0.08	0.02	0.00	0.00	0.00	0.02
			排名	4	1	16	16	2	7	16	29	29	7
	二级指标	国家影响度	得分	0.08	1.36	0.13	0.10	0.43	0.23	0.01	0.00	0.00	0.05
			排名	12	1	7	9	2	5	23	29	29	16
	三级指标	国家基础影响度	得分	0.05	0.81	0.08	0.06	0.32	0.12	0.00	0.00	0.00	0.00
			排名	11	1	8	9	2	5	19	19	19	19
		国家潜在影响度	得分	0.03	0.56	0.06	0.05	0.11	0.11	0.00	0.00	0.00	0.05
			排名	13	1	7	8	2	2	18	26	26	8
	二级指标	国家引领度	得分	0.02	1.10	0.00	0.05	0.18	0.01	0.00	0.00	0.00	0.02
			排名	12	1	24	5	3	17	24	24	24	12
	三级指标	国家基础引领度	得分	0.00	0.52	0.00	0.04	0.12	0.00	0.00	0.00	0.00	0.00
			排名	9	1	9	5	2	9	9	9	9	9
		国家潜在引领度	得分	0.02	0.58	0.00	0.01	0.06	0.01	0.00	0.00	0.00	0.02
			排名	7	1	23	13	3	13	23	23	23	7
3. 研究热点：植物生物刺激素与作物耐受逆境胁迫的关系研究	一级指标	国家表现力	得分	1.26	0.18	0.46	0.53	2.06	0.21	0.05	0.05	0.25	0.29
			排名	2	14	6	4	1	13	17	19	12	11
	二级指标	国家贡献度	得分	0.27	0.06	0.14	0.17	0.73	0.09	0.01	0.01	0.08	0.12
			排名	2	14	6	4	1	11	20	20	12	8
	三级指标	国家基础贡献度	得分	0.20	0.00	0.13	0.13	0.60	0.07	0.00	0.00	0.07	0.07
			排名	2	14	4	4	1	7	14	14	7	7
		国家潜在贡献度	得分	0.07	0.06	0.01	0.03	0.13	0.02	0.01	0.01	0.01	0.05
			排名	2	4	16	8	1	10	16	16	16	5
	二级指标	国家影响度	得分	0.86	0.05	0.25	0.27	0.76	0.11	0.03	0.02	0.10	0.12
			排名	1	14	7	5	2	11	16	19	12	9
	三级指标	国家基础影响度	得分	0.60	0.00	0.23	0.12	0.54	0.07	0.00	0.00	0.06	0.04
			排名	1	14	4	7	3	10	14	14	11	12
		国家潜在影响度	得分	0.26	0.05	0.01	0.14	0.22	0.03	0.03	0.02	0.04	0.08
			排名	1	8	24	3	2	13	13	18	11	5
	二级指标	国家引领度	得分	0.13	0.08	0.08	0.10	0.58	0.01	0.01	0.01	0.08	0.05
			排名	3	8	8	5	1	20	20	20	8	12
	三级指标	国家基础引领度	得分	0.07	0.00	0.07	0.07	0.40	0.00	0.00	0.00	0.07	0.00
			排名	2	11	2	2	1	11	11	11	2	11
		国家潜在引领度	得分	0.06	0.08	0.01	0.03	0.18	0.01	0.01	0.01	0.01	0.05
			排名	5	3	17	9	1	17	17	17	17	6

（续表）

研究热点或前沿名称	指标体系	指标名称	项目	美国	中国	英国	德国	意大利	法国	澳大利亚	日本	荷兰	西班牙
4. 研究热点：茉莉酸在植物防御中的作用研究	一级指标	国家表现力	得分	2.47	1.39	0.61	0.53	0.04	0.45	0.14	0.20	0.30	0.47
			排名	1	2	3	5	21	7	16	11	10	6
	二级指标	国家贡献度	得分	0.60	0.44	0.23	0.23	0.01	0.15	0.05	0.05	0.10	0.15
			排名	1	2	3	3	21	5	15	15	10	5
	三级指标	国家基础贡献度	得分	0.43	0.25	0.18	0.15	0.00	0.13	0.03	0.03	0.08	0.13
			排名	1	2	3	4	19	5	14	14	10	5
		国家潜在贡献度	得分	0.18	0.19	0.05	0.08	0.01	0.03	0.02	0.03	0.03	0.03
			排名	2	1	4	3	17	5	11	5	5	5
	二级指标	国家影响度	得分	1.34	0.47	0.25	0.21	0.01	0.19	0.07	0.08	0.17	0.18
			排名	1	2	4	5	23	6	15	13	10	9
	三级指标	国家基础影响度	得分	0.98	0.26	0.15	0.09	0.00	0.14	0.01	0.04	0.11	0.15
			排名	1	3	5	10	19	8	16	15	9	5
		国家潜在影响度	得分	0.36	0.21	0.11	0.13	0.01	0.05	0.06	0.04	0.06	0.04
			排名	1	2	4	3	20	8	6	9	6	9
	二级指标	国家引领度	得分	0.52	0.48	0.13	0.09	0.02	0.11	0.02	0.06	0.03	0.13
			排名	1	2	3	6	17	5	17	10	15	3
	三级指标	国家基础引领度	得分	0.30	0.20	0.08	0.00	0.00	0.08	0.00	0.03	0.00	0.10
			排名	1	2	4	12	12	4	12	10	12	3
		国家潜在引领度	得分	0.22	0.28	0.05	0.09	0.02	0.04	0.02	0.03	0.03	0.03
			排名	2	1	4	3	12	5	12	8	8	8
5. 研究热点：适应全球气候变化的作物产量模型	一级指标	国家表现力	得分	3.74	1.85	2.83	3.00	1.41	2.42	2.36	0.30	2.34	1.46
			排名	1	7	3	2	11	4	5	19	6	9
	二级指标	国家贡献度	得分	1.08	0.61	0.85	0.92	0.55	0.82	0.70	0.08	0.68	0.53
			排名	1	7	3	2	8	4	5	19	6	9
	三级指标	国家基础贡献度	得分	0.88	0.50	0.75	0.81	0.50	0.75	0.63	0.06	0.63	0.50
			排名	1	7	3	2	7	3	5	19	5	7
		国家潜在贡献度	得分	0.20	0.11	0.10	0.10	0.05	0.07	0.08	0.02	0.05	0.03
			排名	1	2	3	3	7	6	5	14	7	9
	二级指标	国家影响度	得分	2.18	1.04	1.78	1.80	0.83	1.30	1.46	0.13	1.63	0.90
			排名	1	7	3	2	12	6	5	21	4	10
	三级指标	国家基础影响度	得分	1.67	0.85	1.41	1.40	0.68	1.11	1.20	0.07	1.39	0.79
			排名	1	8	2	3	14	6	5	21	4	10
		国家潜在影响度	得分	0.51	0.19	0.37	0.40	0.15	0.19	0.26	0.06	0.24	0.11
			排名	1	6	3	2	9	6	4	17	5	10
	二级指标	国家引领度	得分	0.48	0.20	0.20	0.28	0.04	0.31	0.19	0.08	0.03	0.02
			排名	1	4	4	3	8	2	6	7	9	11
	三级指标	国家基础引领度	得分	0.25	0.06	0.13	0.19	0.00	0.25	0.13	0.06	0.00	0.00
			排名	1	6	4	3	8	1	4	6	8	8
		国家潜在引领度	得分	0.23	0.14	0.08	0.09	0.04	0.06	0.07	0.02	0.03	0.02
			排名	1	2	4	3	7	6	5	10	8	10

研究热点或前沿名称	指标体系	指标名称	项 目	美 国	中 国	英 国	德 国	意大利	法 国	澳大利亚	日 本	荷 兰	西班牙
6. 研究热点：基因组编辑技术及其在农作物中的应用	一级指标	国家表现力	得分	3.60	3.06	0.30	0.64	0.13	0.22	0.13	0.27	0.05	0.09
			排名	1	2	5	3	8	7	8	6	15	12
	二级指标	国家贡献度	得分	0.61	0.55	0.04	0.11	0.03	0.06	0.04	0.06	0.01	0.03
			排名	1	2	7	3	9	5	7	5	14	9
	三级指标	国家基础贡献度	得分	0.51	0.45	0.02	0.09	0.02	0.04	0.02	0.04	0.00	0.02
			排名	1	2	7	3	7	5	7	5	13	7
		国家潜在贡献度	得分	0.10	0.11	0.02	0.03	0.01	0.01	0.01	0.02	0.01	0.01
			排名	2	1	4	3	7	7	7	4	7	7
	二级指标	国家影响度	得分	2.31	1.83	0.19	0.38	0.06	0.13	0.07	0.12	0.03	0.05
			排名	1	2	5	3	9	6	8	7	14	12
	三级指标	国家基础影响度	得分	1.79	1.53	0.11	0.24	0.03	0.10	0.03	0.06	0.00	0.03
			排名	1	2	5	3	10	6	10	7	13	10
		国家潜在影响度	得分	0.52	0.31	0.08	0.14	0.03	0.03	0.04	0.05	0.03	0.01
			排名	1	2	4	3	8	8	7	5	8	16
	二级指标	国家引领度	得分	0.68	0.67	0.07	0.15	0.04	0.03	0.02	0.10	0.02	0.02
			排名	1	2	5	3	6	9	12	4	12	12
	三级指标	国家基础引领度	得分	0.43	0.36	0.02	0.09	0.02	0.00	0.00	0.04	0.00	0.00
			排名	1	2	5	3	5	10	10	4	10	10
		国家潜在引领度	得分	0.25	0.31	0.05	0.06	0.02	0.03	0.02	0.05	0.02	0.02
			排名	2	1	4	3	8	7	8	4	8	8
7. 研究热点：大规模重测序数据库在水稻中的应用研究	一级指标	国家表现力	得分	1.96	2.21	0.53	0.18	0.07	0.46	0.16	1.89	0.02	0.03
			排名	2	1	5	9	12	6	10	3	22	19
	二级指标	国家贡献度	得分	0.55	0.80	0.21	0.05	0.02	0.23	0.04	0.45	0.01	0.01
			排名	3	1	6	9	12	5	11	4	13	13
	三级指标	国家基础贡献度	得分	0.33	0.50	0.17	0.00	0.00	0.17	0.00	0.33	0.00	0.00
			排名	3	1	5	8	8	5	8	3	8	8
		国家潜在贡献度	得分	0.22	0.30	0.05	0.05	0.02	0.06	0.04	0.12	0.01	0.01
			排名	2	1	7	7	11	6	10	3	12	12
	二级指标	国家影响度	得分	1.06	0.75	0.12	0.10	0.03	0.19	0.08	0.98	0.01	0.01
			排名	1	3	6	7	13	5	8	2	19	19
	三级指标	国家基础影响度	得分	0.70	0.36	0.07	0.00	0.00	0.10	0.00	0.83	0.00	0.00
			排名	2	3	6	8	8	5	8	1	8	8
		国家潜在影响度	得分	0.36	0.39	0.05	0.10	0.03	0.10	0.08	0.15	0.01	0.01
			排名	2	1	9	5	12	5	7	3	18	18
	二级指标	国家引领度	得分	0.35	0.66	0.20	0.04	0.02	0.04	0.03	0.46	0.01	0.01
			排名	4	1	5	8	11	8	10	2	12	12
	三级指标	国家基础引领度	得分	0.17	0.33	0.17	0.00	0.00	0.00	0.00	0.33	0.00	0.00
			排名	4	1	4	6	6	6	6	1	6	6
		国家潜在引领度	得分	0.18	0.33	0.03	0.04	0.02	0.04	0.03	0.12	0.01	0.01
			排名	2	1	9	6	11	6	9	3	12	12

（续表）

研究热点或前沿名称	指标体系	指标名称	项目	美国	中国	英国	德国	意大利	法国	澳大利亚	日本	荷兰	西班牙
8. 研究热点：脱氧核糖核酸甲基化在农业中的应用	一级指标	国家表现力	得分	4.13	1.77	0.59	0.75	0.17	0.39	0.58	0.42	0.08	0.10
			排名	1	2	4	3	9	8	5	7	13	12
	二级指标	国家贡献度	得分	1.01	0.49	0.19	0.28	0.08	0.12	0.17	0.18	0.02	0.03
			排名	1	2	4	3	9	8	6	5	12	11
	三级指标	国家基础贡献度	得分	0.79	0.36	0.14	0.21	0.07	0.07	0.14	0.14	0.00	0.00
			排名	1	2	4	3	8	8	4	4	11	11
		国家潜在贡献度	得分	0.22	0.14	0.05	0.06	0.01	0.05	0.03	0.03	0.02	0.03
			排名	1	2	4	3	13	4	6	6	9	6
	二级指标	国家影响度	得分	2.23	0.86	0.26	0.40	0.07	0.20	0.23	0.21	0.05	0.05
			排名	1	2	4	3	9	8	6	7	12	12
	三级指标	国家基础影响度	得分	1.67	0.62	0.15	0.25	0.05	0.07	0.14	0.14	0.00	0.00
			排名	1	2	5	3	9	8	6	6	11	11
		国家潜在影响度	得分	0.56	0.24	0.11	0.15	0.02	0.13	0.08	0.07	0.05	0.05
			排名	1	2	5	3	13	4	6	7	10	10
	二级指标	国家引领度	得分	0.89	0.42	0.13	0.07	0.02	0.06	0.18	0.04	0.02	0.02
			排名	1	2	4	6	10	7	3	8	10	10
	三级指标	国家基础引领度	得分	0.57	0.21	0.07	0.00	0.00	0.00	0.14	0.00	0.00	0.00
			排名	1	2	4	6	6	6	3	6	6	6
		国家潜在引领度	得分	0.32	0.21	0.06	0.07	0.02	0.06	0.03	0.04	0.02	0.02
			排名	1	2	4	3	9	4	7	6	9	9

附表 II-2　主要十国植物保护学科领域各热点前沿表现力指数及分指标得分与排名

研究热点或前沿名称	指标体系	指标名称	项目	美国	德国	荷兰	英国	中国	法国	意大利	澳大利亚	西班牙	日本
1. 研究热点：次生代谢物调控的植物获得性系统抗性机制	一级指标	国家表现力	得分	1.01	2.86	0.09	0.13	1.14	0.10	0.06	0.01	0.10	0.07
			排名	4	1	9	5	3	7	11	24	7	10
	二级指标	国家贡献度	得分	0.32	0.72	0.02	0.03	0.39	0.02	0.02	0.00	0.03	0.03
			排名	4	1	9	5	2	9	9	25	5	5
	三级指标	国家基础贡献度	得分	0.17	0.50	0.00	0.00	0.17	0.00	0.00	0.00	0.00	0.00
			排名	3	1	5	5	3	5	5	5	5	5
		国家潜在贡献度	得分	0.15	0.22	0.02	0.03	0.22	0.02	0.02	0.00	0.03	0.03
			排名	3	1	9	5	1	9	9	25	5	5
	二级指标	国家影响度	得分	0.35	1.37	0.04	0.08	0.47	0.05	0.01	0.00	0.05	0.01
			排名	4	1	9	5	3	7	17	21	7	17
	三级指标	国家基础影响度	得分	0.14	0.82	0.00	0.00	0.30	0.00	0.00	0.00	0.00	0.00
			排名	4	1	5	5	3	5	5	5	5	5
		国家潜在影响度	得分	0.21	0.55	0.04	0.08	0.17	0.05	0.01	0.00	0.05	0.01
			排名	2	1	9	5	3	7	17	21	7	17
	二级指标	国家引领度	得分	0.33	0.76	0.02	0.02	0.28	0.03	0.02	0.01	0.02	0.03
			排名	3	1	7	7	4	5	7	14	7	5
	三级指标	国家基础引领度	得分	0.17	0.50	0.00	0.00	0.00	0.00	0.00	0.00	0.00	0.00
			排名	3	1	4	4	4	4	4	4	4	4
		国家潜在引领度	得分	0.17	0.26	0.02	0.02	0.28	0.03	0.02	0.01	0.02	0.03
			排名	3	2	7	7	1	5	7	14	7	5

（续表）

研究热点或前沿名称	指标体系	指标名称	项 目	美 国	德 国	荷 兰	英 国	中 国	法 国	意大利	澳大利亚	西班牙	日 本
2. 研究热点：丝状病原菌效应蛋白调控的植物抗病性机制	一级指标	国家表现力	得分	0.87	1.44	0.17	1.28	0.34	1.02	0.49	1.28	0.10	0.10
			排名	5	1	11	2	9	4	8	2	12	12
	二级指标	国家贡献度	得分	0.35	0.30	0.05	0.59	0.11	0.47	0.20	0.41	0.03	0.03
			排名	4	5	11	1	9	2	7	3	13	13
	三级指标	国家基础贡献度	得分	0.17	0.17	0.00	0.50	0.00	0.33	0.17	0.33	0.00	0.00
			排名	4	4	9	1	9	2	4	2	9	9
		国家潜在贡献度	得分	0.19	0.13	0.05	0.09	0.11	0.14	0.03	0.08	0.03	0.03
			排名	1	3	8	5	4	2	11	6	11	11
	二级指标	国家影响度	得分	0.37	0.84	0.08	0.46	0.12	0.46	0.27	0.45	0.05	0.05
			排名	5	1	10	2	8	2	6	4	12	12
	三级指标	国家基础影响度	得分	0.12	0.65	0.00	0.30	0.00	0.18	0.22	0.34	0.00	0.00
			排名	6	1	9	3	9	5	4	2	9	9
		国家潜在影响度	得分	0.25	0.19	0.08	0.16	0.12	0.28	0.05	0.11	0.05	0.05
			排名	2	3	8	4	5	1	10	6	10	10
	二级指标	国家引领度	得分	0.15	0.30	0.04	0.23	0.10	0.10	0.02	0.42	0.03	0.02
			排名	6	2	10	3	7	7	14	1	12	14
	三级指标	国家基础引领度	得分	0.00	0.17	0.00	0.17	0.00	0.00	0.00	0.33	0.00	0.00
			排名	6	2	6	2	6	6	6	1	6	6
		国家潜在引领度	得分	0.15	0.13	0.04	0.07	0.10	0.10	0.02	0.09	0.03	0.02
			排名	1	2	9	6	3	3	13	5	11	13
3. 研究前沿：昆虫嗅觉识别生化与分子机制	一级指标	国家表现力	得分	1.69	0.59	0.06	0.18	1.49	0.12	0.50	0.09	0.02	0.04
			排名	1	3	12	7	2	9	4	11	21	15
	二级指标	国家贡献度	得分	0.32	0.22	0.01	0.04	0.43	0.03	0.17	0.02	0.01	0.01
			排名	2	3	13	7	1	8	4	11	13	13
	三级指标	国家基础贡献度	得分	0.14	0.14	0.00	0.00	0.14	0.00	0.14	0.00	0.00	0.00
			排名	1	1	7	7	1	7	1	7	7	7
		国家潜在贡献度	得分	0.18	0.07	0.01	0.04	0.29	0.03	0.03	0.02	0.01	0.01
			排名	2	3	11	4	1	5	5	9	11	11
	二级指标	国家影响度	得分	1.07	0.17	0.05	0.12	0.56	0.06	0.16	0.05	0.01	0.02
			排名	1	3	10	5	2	9	4	10	19	15
	三级指标	国家基础影响度	得分	0.76	0.03	0.00	0.00	0.09	0.00	0.09	0.00	0.00	0.00
			排名	1	5	7	7	2	7	2	7	7	7
		国家潜在影响度	得分	0.31	0.14	0.05	0.12	0.47	0.06	0.07	0.05	0.01	0.02
			排名	2	3	9	4	1	8	6	9	18	13
	二级指标	国家引领度	得分	0.30	0.20	0.00	0.01	0.50	0.02	0.17	0.01	0.00	0.01
			排名	2	3	19	9	1	7	4	9	19	9
	三级指标	国家基础引领度	得分	0.14	0.14	0.00	0.00	0.14	0.00	0.14	0.00	0.00	0.00
			排名	1	1	7	7	1	7	1	7	7	7
		国家潜在引领度	得分	0.16	0.06	0.00	0.01	0.35	0.02	0.02	0.01	0.00	0.01
			排名	2	3	19	9	1	4	4	7	19	7

（续表）

研究热点或前沿名称	指标体系	指标名称	项目	美国	德国	荷兰	英国	中国	法国	意大利	澳大利亚	西班牙	日本
4. 研究热点：二斑叶螨抑制植物抗性机制	一级指标	国家表现力	得分	0.92	0.67	2.67	0.18	0.48	0.66	0.05	0.09	1.00	0.46
			排名	6	7	1	13	10	8	16	14	4	11
	二级指标	国家贡献度	得分	0.24	0.18	0.69	0.04	0.16	0.16	0.02	0.03	0.29	0.16
			排名	6	7	1	13	9	9	15	14	4	9
	三级指标	国家基础贡献度	得分	0.11	0.11	0.56	0.00	0.00	0.11	0.00	0.00	0.22	0.11
			排名	6	6	1	12	12	6	12	12	4	6
		国家潜在贡献度	得分	0.13	0.06	0.14	0.04	0.16	0.04	0.02	0.03	0.07	0.04
			排名	3	6	2	9	1	9	14	13	5	9
	二级指标	国家影响度	得分	0.55	0.47	1.32	0.12	0.10	0.47	0.03	0.03	0.64	0.27
			排名	6	7	2	11	13	7	14	14	5	9
	三级指标	国家基础影响度	得分	0.38	0.21	0.86	0.00	0.00	0.38	0.00	0.00	0.49	0.21
			排名	6	8	2	12	12	6	12	12	5	8
		国家潜在影响度	得分	0.17	0.26	0.45	0.12	0.10	0.09	0.03	0.03	0.16	0.05
			排名	4	3	1	7	9	10	14	14	5	13
	二级指标	国家引领度	得分	0.14	0.03	0.66	0.02	0.21	0.03	0.01	0.03	0.06	0.04
			排名	5	10	1	14	4	10	17	10	7	9
	三级指标	国家基础引领度	得分	0.00	0.00	0.56	0.00	0.00	0.00	0.00	0.00	0.00	0.00
			排名	5	5	1	5	5	5	5	5	5	5
		国家潜在引领度	得分	0.14	0.03	0.10	0.02	0.21	0.03	0.01	0.03	0.06	0.04
			排名	2	8	3	13	1	8	17	8	5	7
5. 研究热点：斑翅果蝇种群动态及生物防治因子挖掘	一级指标	国家表现力	得分	5.26	0.70	0.39	0.29	0.91	1.41	2.30	0.02	1.05	0.61
			排名	1	8	12	13	5	3	2	20	4	9
	二级指标	国家贡献度	得分	0.81	0.06	0.08	0.05	0.09	0.17	0.40	0.00	0.12	0.04
			排名	1	9	7	11	6	3	2	19	5	12
	三级指标	国家基础贡献度	得分	0.68	0.04	0.07	0.04	0.07	0.14	0.36	0.00	0.11	0.04
			排名	1	9	6	9	6	3	2	15	5	9
		国家潜在贡献度	得分	0.13	0.02	0.01	0.01	0.01	0.02	0.05	0.00	0.01	0.01
			排名	1	3	8	8	8	3	2	17	8	8
	二级指标	国家影响度	得分	3.39	0.60	0.30	0.21	0.75	1.15	1.69	0.01	0.88	0.56
			排名	1	7	11	13	5	3	2	19	4	8
	三级指标	国家基础影响度	得分	2.76	0.50	0.27	0.16	0.65	0.96	1.38	0.00	0.79	0.50
			排名	1	7	11	14	5	3	2	15	4	7
		国家潜在影响度	得分	0.62	0.11	0.04	0.05	0.10	0.19	0.32	0.01	0.10	0.06
			排名	1	4	14	12	5	3	2	19	5	9
	二级指标	国家引领度	得分	1.07	0.05	0.01	0.03	0.07	0.09	0.21	0.01	0.06	0.01
			排名	1	8	13	10	6	5	2	13	7	13
	三级指标	国家基础引领度	得分	0.64	0.00	0.00	0.00	0.04	0.04	0.11	0.00	0.04	0.00
			排名	1	8	8	8	4	4	3	8	4	8
		国家潜在引领度	得分	0.42	0.05	0.01	0.03	0.04	0.10	0.10	0.01	0.02	0.01
			排名	1	5	13	9	7	4	2	13	10	13

（续表）

研究热点或前沿名称	指标体系	指标名称	项目	美国	德国	荷兰	英国	中国	法国	意大利	澳大利亚	西班牙	日本
6. 研究热点：杂草对草甘膦抗性的分子机制	一级指标	国家表现力	得分	1.96	0.27	0.03	0.36	0.38	0.58	0.05	1.38	0.08	0.07
			排名	1	9	17	8	7	3	16	2	12	13
	二级指标	国家贡献度	得分	0.53	0.09	0.01	0.08	0.12	0.14	0.01	0.40	0.02	0.01
			排名	1	5	12	6	4	3	12	2	11	12
	三级指标	国家基础贡献度	得分	0.41	0.06	0.00	0.06	0.06	0.12	0.00	0.35	0.00	0.00
			排名	1	4	11	4	4	3	11	2	11	11
		国家潜在贡献度	得分	0.12	0.03	0.01	0.03	0.06	0.02	0.01	0.05	0.02	0.01
			排名	1	4	9	4	2	6	9	3	6	9
	二级指标	国家影响度	得分	0.92	0.16	0.02	0.20	0.12	0.29	0.03	0.62	0.04	0.05
			排名	1	8	17	7	9	6	15	2	12	11
	三级指标	国家基础影响度	得分	0.50	0.08	0.00	0.10	0.01	0.20	0.00	0.46	0.00	0.00
			排名	1	8	11	7	9	6	11	2	11	11
		国家潜在影响度	得分	0.42	0.08	0.02	0.10	0.11	0.09	0.03	0.17	0.04	0.05
			排名	1	6	13	4	3	5	11	2	9	8
	二级指标	国家引领度	得分	0.50	0.03	0.00	0.08	0.14	0.15	0.01	0.35	0.02	0.01
			排名	1	8	19	5	4	3	10	2	8	10
	三级指标	国家基础引领度	得分	0.35	0.00	0.00	0.06	0.06	0.12	0.00	0.29	0.00	0.00
			排名	1	8	8	4	4	3	8	2	8	8
		国家潜在引领度	得分	0.15	0.03	0.00	0.02	0.08	0.03	0.01	0.06	0.02	0.01
			排名	1	4	19	6	2	4	8	3	6	8
7. 研究热点：新烟碱类农药对非靶标生物的影响	一级指标	国家表现力	得分	1.78	1.06	1.01	2.50	0.30	0.85	0.79	0.46	0.13	0.22
			排名	2	4	5	1	14	6	7	9	17	16
	二级指标	国家贡献度	得分	0.40	0.23	0.20	0.51	0.07	0.18	0.18	0.09	0.04	0.06
			排名	2	4	5	1	11	6	6	9	17	14
	三级指标	国家基础贡献度	得分	0.26	0.19	0.19	0.45	0.02	0.14	0.17	0.07	0.02	0.05
			排名	3	4	4	1	16	7	6	9	16	13
		国家潜在贡献度	得分	0.14	0.04	0.01	0.05	0.05	0.03	0.02	0.02	0.02	0.01
			排名	1	4	11	2	2	5	7	7	7	11
	二级指标	国家影响度	得分	0.96	0.72	0.72	1.61	0.11	0.58	0.49	0.30	0.06	0.15
			排名	2	4	4	1	16	6	8	9	17	15
	三级指标	国家基础影响度	得分	0.58	0.55	0.60	1.32	0.02	0.45	0.41	0.23	0.02	0.13
			排名	4	5	3	1	18	6	8	11	18	15
		国家潜在影响度	得分	0.38	0.17	0.12	0.29	0.09	0.12	0.08	0.07	0.04	0.02
			排名	1	3	5	2	7	5	8	10	13	17
	二级指标	国家引领度	得分	0.41	0.11	0.09	0.38	0.12	0.10	0.12	0.07	0.03	0.01
			排名	1	6	8	2	4	7	4	9	14	15
	三级指标	国家基础引领度	得分	0.14	0.05	0.07	0.29	0.02	0.05	0.10	0.05	0.00	0.00
			排名	3	6	5	1	11	6	4	6	13	13
		国家潜在引领度	得分	0.27	0.06	0.01	0.09	0.10	0.05	0.03	0.02	0.03	0.01
			排名	1	4	13	3	2	6	8	10	8	13

（续表）

研究热点或前沿名称	指标体系	指标名称	项目	美国	德国	荷兰	英国	中国	法国	意大利	澳大利亚	西班牙	日本
8. 研究前沿：受体蛋白在植物抗病性中的作用机制	一级指标	国家表现力	得分	0.45	1.84	3.49	2.25	1.44	0.12	0.06	0.09	0.10	0.12
			排名	5	3	1	2	4	7	12	10	9	7
	二级指标	国家贡献度	得分	0.12	0.51	0.93	0.66	0.46	0.03	0.01	0.02	0.03	0.03
			排名	5	3	1	2	4	7	12	10	7	7
	三级指标	国家基础贡献度	得分	0.00	0.43	0.86	0.57	0.29	0.00	0.00	0.00	0.00	0.00
			排名	5	3	1	2	4	5	5	5	5	5
		国家潜在贡献度	得分	0.12	0.08	0.07	0.09	0.17	0.03	0.01	0.02	0.03	0.03
			排名	2	4	5	3	1	7	12	10	7	7
	二级指标	国家影响度	得分	0.20	0.94	1.75	1.35	0.71	0.05	0.03	0.03	0.05	0.05
			排名	5	3	1	2	4	7	11	11	7	7
	三级指标	国家基础影响度	得分	0.00	0.73	1.58	0.99	0.51	0.00	0.00	0.00	0.00	0.00
			排名	5	3	1	2	4	5	5	5	5	5
		国家潜在影响度	得分	0.20	0.21	0.17	0.35	0.20	0.05	0.03	0.03	0.05	0.05
			排名	3	2	5	1	3	7	11	11	7	7
	二级指标	国家引领度	得分	0.13	0.38	0.81	0.25	0.27	0.04	0.01	0.04	0.03	0.04
			排名	5	2	1	4	3	16	7	10		7
	三级指标	国家基础引领度	得分	0.00	0.29	0.71	0.14	0.00	0.00	0.00	0.00	0.00	0.00
			排名	4	2	1	3	4	4	4	4	4	4
		国家潜在引领度	得分	0.13	0.09	0.09	0.11	0.27	0.04	0.01	0.04	0.03	0.04
			排名	2	4	4	3	1	16	7	10		7

附表 II−3　主要十国畜牧兽医学科领域各热点前沿表现力指数及分指标得分与排名

研究热点或前沿名称	指标体系	指标名称	项目	美国	中国	意大利	澳大利亚	英国	西班牙	德国	法国	日本	荷兰
1. 研究热点：猪圆环病毒3型的流行病学研究	一级指标	国家表现力	得分	1.81	3.62	0.89	0.00	0.11	0.41	0.37	0.25	0.03	0.01
			排名	2	1	3	28	13	8	9	12	15	19
	二级指标	国家贡献度	得分	0.15	0.54	0.15	0.00	0.01	0.08	0.07	0.07	0.00	0.00
			排名	2	1	2	14	13	4	6	6	14	14
	三级指标	国家基础贡献度	得分	0.13	0.40	0.13	0.00	0.00	0.07	0.07	0.07	0.00	0.00
			排名	2	1	2	13	13	4	4	4	13	13
		国家潜在贡献度	得分	0.02	0.14	0.02	0.00	0.01	0.02	0.01	0.00	0.00	0.00
			排名	2	1	2	10	5	2	5	10	10	10
	二级指标	国家影响度	得分	1.47	2.06	0.56	0.00	0.07	0.28	0.19	0.18	0.01	0.00
			排名	2	1	4	18	13	8	10	11	15	18
	三级指标	国家基础影响度	得分	1.40	1.51	0.44	0.00	0.00	0.20	0.16	0.16	0.00	0.00
			排名	2	1	4	13	13	8	10	10	13	13
		国家潜在影响度	得分	0.07	0.55	0.11	0.00	0.07	0.08	0.03	0.02	0.01	0.00
			排名	6	1	2	17	6	3	9	12	14	17
	二级指标	国家引领度	得分	0.19	1.02	0.18	0.00	0.03	0.05	0.10	0.00	0.01	0.00
			排名	2	1	3	23	10	9	4	23	11	23
	三级指标	国家基础引领度	得分	0.13	0.40	0.13	0.00	0.00	0.00	0.07	0.00	0.00	0.00
			排名	2	1	2	9	9	9	4	9	9	9
		国家潜在引领度	得分	0.06	0.62	0.05	0.00	0.03	0.05	0.04	0.00	0.01	0.00
			排名	2	1	3	23	6	3	5	23	10	23

研究热点或前沿名称	指标体系	指标名称	项目	美国	中国	意大利	澳大利亚	英国	西班牙	德国	法国	日本	荷兰
2. 研究前沿：H7N9亚型高致病性禽流感病毒流行病学、进化及致病机理	一级指标	国家表现力	得分	3.07	4.67	0.03	0.21	0.79	0.00	0.05	0.04	0.72	0.07
			排名	2	1	13	6	3	31	10	11	4	8
	二级指标	国家贡献度	得分	0.90	1.43	0.01	0.04	0.21	0.00	0.02	0.01	0.21	0.01
			排名	2	1	10	6	3	22	8	10	3	10
	三级指标	国家基础贡献度	得分	0.67	1.00	0.00	0.00	0.17	0.00	0.00	0.00	0.17	0.00
			排名	2	1	6	6	3	6	6	6	3	6
		国家潜在贡献度	得分	0.23	0.43	0.01	0.04	0.05	0.00	0.02	0.01	0.04	0.01
			排名	2	1	9	4	3	22	7	9	4	9
	二级指标	国家影响度	得分	1.43	2.17	0.01	0.12	0.54	0.00	0.01	0.01	0.28	0.05
			排名	2	1	11	6	3	19	11	11	5	8
	三级指标	国家基础影响度	得分	0.91	1.46	0.00	0.00	0.39	0.00	0.00	0.00	0.19	0.00
			排名	2	1	6	6	3	6	6	6	5	6
		国家潜在影响度	得分	0.52	0.71	0.01	0.12	0.15	0.00	0.01	0.01	0.09	0.05
			排名	2	1	11	4	3	19	11	11	6	8
	二级指标	国家引领度	得分	0.73	1.07	0.00	0.05	0.04	0.00	0.02	0.02	0.22	0.01
			排名	2	1	15	4	5	15	6	6	3	8
	三级指标	国家基础引领度	得分	0.50	0.50	0.00	0.00	0.00	0.00	0.00	0.00	0.17	0.00
			排名	1	1	4	4	4	4	4	4	3	4
		国家潜在引领度	得分	0.23	0.57	0.00	0.05	0.04	0.00	0.02	0.02	0.06	0.01
			排名	2	1	15	4	5	15	6	6	3	9
3. 研究热点：肉牛剩余采食量遗传评估及营养调控	一级指标	国家表现力	得分	1.07	0.28	0.04	3.22	0.16	0.08	0.11	0.12	0.12	0.33
			排名	2	7	18	1	9	16	13	10	10	5
	二级指标	国家贡献度	得分	0.33	0.12	0.02	0.86	0.07	0.02	0.03	0.03	0.05	0.08
			排名	2	6	14	1	8	14	11	11	10	7
	三级指标	国家基础贡献度	得分	0.13	0.04	0.00	0.63	0.00	0.00	0.00	0.00	0.04	0.04
			排名	2	5	11	1	11	11	11	11	5	5
		国家潜在贡献度	得分	0.20	0.08	0.02	0.23	0.03	0.02	0.03	0.03	0.01	0.04
			排名	2	5	13	1	8	13	8	8	17	6
	二级指标	国家影响度	得分	0.55	0.07	0.00	1.47	0.08	0.03	0.06	0.06	0.02	0.22
			排名	2	9	25	1	8	16	10	10	17	5
	三级指标	国家基础影响度	得分	0.19	0.02	0.00	0.95	0.00	0.00	0.00	0.00	0.00	0.15
			排名	3	7	10	1	10	10	10	10	9	4
		国家潜在影响度	得分	0.36	0.05	0.00	0.52	0.07	0.03	0.06	0.06	0.01	0.07
			排名	2	12	25	1	6	15	8	8	17	6
	二级指标	国家引领度	得分	0.19	0.09	0.02	0.89	0.01	0.02	0.02	0.03	0.05	0.03
			排名	2	6	11	1	16	11	11	9	8	9
	三级指标	国家基础引领度	得分	0.04	0.00	0.00	0.63	0.00	0.00	0.00	0.00	0.04	0.00
			排名	4	8	8	1	8	8	8	8	4	8
		国家潜在引领度	得分	0.15	0.09	0.02	0.27	0.01	0.02	0.02	0.03	0.01	0.03
			排名	2	4	9	1	15	9	9	7	15	7

研究热点或前沿名称	指标体系	指标名称	项目	美国	中国	意大利	澳大利亚	英国	西班牙	德国	法国	日本	荷兰
4. 研究前沿：非洲猪瘟的流行与传播研究	一级指标	国家表现力	得分	0.36	0.86	0.66	0.29	1.05	1.86	0.74	0.57	0.01	0.03
			排名	10	3	6	12	2	1	5	8	37	26
	二级指标	国家贡献度	得分	0.12	0.28	0.22	0.17	0.28	0.48	0.25	0.21	0.00	0.01
			排名	13	2	6	11	2	1	5	7	34	23
	三级指标	国家基础贡献度	得分	0.00	0.17	0.17	0.17	0.17	0.33	0.17	0.17	0.00	0.00
			排名	13	2	2	2	2	1	2	2	13	13
		国家潜在贡献度	得分	0.12	0.12	0.05	0.00	0.12	0.15	0.08	0.04	0.00	0.01
			排名	2	2	7	32	2	1	6	8	32	21
	二级指标	国家影响度	得分	0.15	0.29	0.42	0.12	0.51	0.91	0.41	0.17	0.00	0.01
			排名	10	7	3	12	2	1	4	8	32	26
	三级指标	国家基础影响度	得分	0.00	0.18	0.28	0.11	0.28	0.59	0.28	0.11	0.00	0.00
			排名	12	6	2	9	2	1	2	9	12	12
		国家潜在影响度	得分	0.15	0.11	0.15	0.01	0.23	0.32	0.13	0.07	0.00	0.01
			排名	3	7	3	24	2	1	6	9	31	24
	二级指标	国家引领度	得分	0.09	0.29	0.02	0.00	0.26	0.47	0.08	0.19	0.00	0.01
			排名	6	2	11	36	3	1	7	5	36	18
	三级指标	国家基础引领度	得分	0.00	0.17	0.00	0.00	0.17	0.33	0.00	0.17	0.00	0.00
			排名	6	2	6	6	2	1	6	2	6	6
		国家潜在引领度	得分	0.09	0.13	0.02	0.00	0.09	0.13	0.08	0.03	0.00	0.01
			排名	4	1	11	36	4	1	6	9	36	18
5. 研究热点：高品质鸡肉生产技术	一级指标	国家表现力	得分	0.88	0.26	3.24	0.03	0.08	0.09	0.09	0.08	0.02	0.02
			排名	3	5	1	13	9	7	7	9	14	14
	二级指标	国家贡献度	得分	0.19	0.07	0.77	0.01	0.01	0.02	0.03	0.02	0.01	0.01
			排名	3	5	1	11	11	9	7	9	11	11
	三级指标	国家基础贡献度	得分	0.00	0.00	0.67	0.00	0.00	0.00	0.00	0.00	0.00	0.00
			排名	4	4	1	4	4	4	4	4	4	4
		国家潜在贡献度	得分	0.19	0.07	0.11	0.01	0.01	0.02	0.03	0.02	0.01	0.01
			排名	1	3	2	10	10	7	5	7	10	10
	二级指标	国家影响度	得分	0.39	0.08	1.62	0.01	0.05	0.04	0.02	0.03	0.00	0.01
			排名	3	5	1	12	6	7	9	8	16	12
	三级指标	国家基础影响度	得分	0.00	0.00	1.22	0.00	0.00	0.00	0.00	0.00	0.00	0.00
			排名	4	4	1	4	4	4	4	4	4	4
		国家潜在影响度	得分	0.39	0.08	0.40	0.01	0.05	0.04	0.02	0.03	0.00	0.01
			排名	2	3	1	12	5	6	9	7	16	12
	二级指标	国家引领度	得分	0.31	0.12	0.85	0.01	0.02	0.04	0.04	0.03	0.01	0.01
			排名	3	4	1	12	10	6	6	9	12	12
	三级指标	国家基础引领度	得分	0.00	0.00	0.67	0.00	0.00	0.00	0.00	0.00	0.00	0.00
			排名	3	3	1	3	3	3	3	3	3	3
		国家潜在引领度	得分	0.31	0.12	0.18	0.01	0.02	0.04	0.04	0.03	0.01	0.01
			排名	1	3	2	12	10	5	5	9	12	12

（续表）

研究热点或前沿名称	指标体系	指标名称	项目	美国	中国	意大利	澳大利亚	英国	西班牙	德国	法国	日本	荷兰
6. 研究热点：抗菌肽的作用机理及其在动物临床中的应用研究	一级指标	国家表现力	得分	0.93	0.49	0.18	0.14	0.17	0.08	0.15	0.33	0.04	0.08
			排名	3	4	8	12	9	14	10	7	19	14
	二级指标	国家贡献度	得分	0.30	0.16	0.05	0.04	0.05	0.03	0.05	0.16	0.01	0.03
			排名	2	4	8	12	8	14	8	4	19	14
	三级指标	国家基础贡献度	得分	0.13	0.00	0.00	0.00	0.00	0.00	0.00	0.13	0.00	0.00
			排名	3	7	7	7	7	7	7	3	7	7
		国家潜在贡献度	得分	0.18	0.16	0.05	0.04	0.05	0.03	0.05	0.04	0.01	0.03
			排名	1	2	4	9	4	12	4	9	19	12
	二级指标	国家影响度	得分	0.33	0.15	0.08	0.06	0.08	0.03	0.06	0.13	0.01	0.03
			排名	3	4	8	10	8	14	10	5	22	14
	三级指标	国家基础影响度	得分	0.08	0.00	0.00	0.00	0.00	0.00	0.00	0.08	0.00	0.00
			排名	3	7	7	7	7	7	7	3	7	7
		国家潜在影响度	得分	0.25	0.15	0.08	0.06	0.08	0.03	0.06	0.05	0.01	0.03
			排名	1	3	4	7	4	12	7	10	22	12
	二级指标	国家引领度	得分	0.30	0.17	0.05	0.04	0.04	0.03	0.04	0.03	0.01	0.02
			排名	2	4	5	9	9	13	9	13	21	15
	三级指标	国家基础引领度	得分	0.13	0.00	0.00	0.00	0.00	0.00	0.00	0.00	0.00	0.00
			排名	3	6	6	6	6	6	6	6	6	6
		国家潜在引领度	得分	0.17	0.17	0.05	0.04	0.04	0.03	0.04	0.03	0.01	0.02
			排名	1	1	5	6	6	10	6	10	21	13
7. 研究热点：奶牛营养平衡技术	一级指标	国家表现力	得分	4.81	0.09	0.04	0.54	0.13	0.05	0.13	0.08	0.01	0.05
			排名	1	8	14	4	6	12	6	9	28	12
	二级指标	国家贡献度	得分	1.39	0.03	0.01	0.37	0.04	0.02	0.04	0.03	0.01	0.02
			排名	1	8	14	2	6	10	6	8	14	10
	三级指标	国家基础贡献度	得分	1.00	0.00	0.00	0.33	0.00	0.00	0.00	0.00	0.00	0.00
			排名	1	6	6	2	6	6	6	6	6	6
		国家潜在贡献度	得分	0.39	0.03	0.01	0.04	0.04	0.02	0.04	0.03	0.01	0.02
			排名	1	8	14	5	5	10	5	8	14	10
	二级指标	国家影响度	得分	2.00	0.04	0.01	0.14	0.08	0.01	0.05	0.03	0.00	0.02
			排名	1	11	14	5	6	14	7	8	26	11
	三级指标	国家基础影响度	得分	1.31	0.00	0.00	0.08	0.00	0.00	0.00	0.00	0.00	0.00
			排名	1	6	6	5	6	6	6	6	6	6
		国家潜在影响度	得分	0.69	0.02	0.01	0.05	0.08	0.01	0.05	0.03	0.00	0.02
			排名	1	11	14	5	14	6	8	26	11	
	二级指标	国家引领度	得分	1.42	0.04	0.01	0.03	0.01	0.02	0.04	0.02	0.01	0.01
			排名	1	5	12	7	12	8	5	8	12	12
	三级指标	国家基础引领度	得分	1.00	0.00	0.00	0.00	0.00	0.00	0.00	0.00	0.00	0.00
			排名	1	2	2	2	2	2	2	2	2	2
		国家潜在引领度	得分	0.42	0.04	0.01	0.03	0.01	0.02	0.04	0.02	0.01	0.01
			排名	1	5	12	7	12	8	5	8	12	12

（续表）

研究热点或前沿名称	指标体系	指标名称	项目	美国	中国	意大利	澳大利亚	英国	西班牙	德国	法国	日本	荷兰
8. 研究热点：抗生素在动物中的应用及其耐药性	一级指标	国家表现力	得分	2.71	0.46	0.06	0.10	0.49	0.09	0.10	0.23	0.03	0.38
			排名	1	7	18	14	6	16	14	10	24	8
	二级指标	国家贡献度	得分	0.72	0.13	0.02	0.04	0.20	0.03	0.04	0.15	0.01	0.15
			排名	1	9	18	14	5	16	14	6	24	6
	三级指标	国家基础贡献度	得分	0.56	0.00	0.00	0.00	0.11	0.00	0.00	0.11	0.00	0.11
			排名	1	12	12	12	5	12	12	5	12	5
		国家潜在贡献度	得分	0.17	0.13	0.02	0.04	0.09	0.03	0.04	0.04	0.01	0.04
			排名	1	2	15	6	3	11	6	6	21	6
	二级指标	国家影响度	得分	1.28	0.19	0.02	0.03	0.22	0.03	0.03	0.05	0.01	0.09
			排名	1	7	19	13	6	13	13	11	22	8
	三级指标	国家基础影响度	得分	1.03	0.00	0.00	0.00	0.06	0.00	0.00	0.02	0.00	0.05
			排名	1	12	12	12	7	12	12	10	12	9
		国家潜在影响度	得分	0.26	0.19	0.02	0.03	0.16	0.03	0.03	0.03	0.01	0.05
			排名	1	2	17	9	3	9	9	9	20	7
	二级指标	国家引领度	得分	0.70	0.14	0.02	0.03	0.07	0.03	0.03	0.03	0.01	0.14
			排名	1	4	14	9	9	9	9	9	18	4
	三级指标	国家基础引领度	得分	0.56	0.00	0.00	0.00	0.00	0.00	0.00	0.00	0.00	0.11
			排名	1	6	6	6	6	6	6	6	6	3
		国家潜在引领度	得分	0.15	0.14	0.02	0.03	0.07	0.03	0.03	0.03	0.01	0.03
			排名	1	2	13	6	3	6	6	6	18	6
9. 研究热点：猪流行性腹泻病毒流行病学、遗传进化及致病机理	一级指标	国家表现力	得分	3.17	0.90	0.00	0.00	0.52	0.00	0.31	0.01	0.27	0.00
			排名	1	2	13	13	3	13	6	10	7	13
	二级指标	国家贡献度	得分	0.63	0.25	0.00	0.00	0.10	0.00	0.10	0.00	0.10	0.00
			排名	1	2	10	10	5	10	5	10	5	10
	三级指标	国家基础贡献度	得分	0.60	0.20	0.00	0.00	0.10	0.00	0.10	0.00	0.10	0.00
			排名	1	2	9	9	3	9	3	9	3	9
		国家潜在贡献度	得分	0.03	0.05	0.00	0.00	0.00	0.00	0.00	0.00	0.00	0.00
			排名	2	1	6	6	6	6	6	6	6	6
	二级指标	国家影响度	得分	1.89	0.45	0.00	0.00	0.42	0.00	0.10	0.00	0.16	0.00
			排名	1	2	9	9	3	9	7	9	5	9
	三级指标	国家基础影响度	得分	1.78	0.41	0.00	0.00	0.39	0.00	0.09	0.00	0.14	0.00
			排名	1	2	9	9	3	9	7	9	6	9
		国家潜在影响度	得分	0.12	0.04	0.00	0.00	0.03	0.00	0.01	0.00	0.01	0.00
			排名	1	2	9	9	3	9	5	9	5	9
	二级指标	国家引领度	得分	0.65	0.20	0.00	0.00	0.00	0.00	0.10	0.00	0.00	0.00
			排名	1	2	7	7	7	7	5	7	7	7
	三级指标	国家基础引领度	得分	0.60	0.10	0.00	0.00	0.00	0.00	0.10	0.00	0.00	0.00
			排名	1	2	6	6	6	6	2	6	6	6
		国家潜在引领度	得分	0.05	0.10	0.00	0.00	0.00	0.00	0.00	0.00	0.00	0.00
			排名	2	1	6	6	6	6	6	6	6	6

（续表）

研究热点或前沿名称	指标体系	指标名称	项 目	美 国	中 国	意大利	澳大利亚	英 国	西班牙	德 国	法 国	日 本	荷 兰
10. 研究热点：畜禽蛋白质氨基酸营养功能研究	一级指标	国家表现力	得分	3.63	3.30	0.06	0.08	0.06	0.04	0.11	0.10	0.05	0.04
			排名	1	2	8	7	8	12	4	5	11	12
	二级指标	国家贡献度	得分	1.10	0.98	0.02	0.03	0.02	0.02	0.04	0.03	0.02	0.02
			排名	1	2	8	5	8	8	3	5	8	8
	三级指标	国家基础贡献度	得分	0.83	0.67	0.00	0.00	0.00	0.00	0.00	0.00	0.00	0.00
			排名	1	2	3	3	3	3	3	3	3	3
		国家潜在贡献度	得分	0.26	0.32	0.02	0.03	0.02	0.02	0.04	0.03	0.02	0.02
			排名	2	1	8	5	8	8	3	5	8	8
	二级指标	国家影响度	得分	1.83	1.56	0.02	0.02	0.03	0.01	0.04	0.04	0.02	0.02
			排名	1	2	7	7	6	15	4	4	7	7
	三级指标	国家基础影响度	得分	1.17	1.00	0.00	0.00	0.00	0.00	0.00	0.00	0.00	0.00
			排名	1	2	3	3	3	3	3	3	3	3
		国家潜在影响度	得分	0.66	0.56	0.02	0.02	0.03	0.01	0.04	0.04	0.02	0.02
			排名	1	2	7	7	6	15	4	4	7	7
	二级指标	国家引领度	得分	0.70	0.76	0.02	0.03	0.01	0.02	0.03	0.03	0.01	0.01
			排名	2	1	8	4	12	8	4	4	12	12
	三级指标	国家基础引领度	得分	0.50	0.33	0.00	0.00	0.00	0.00	0.00	0.00	0.00	0.00
			排名	1	2	3	3	3	3	3	3	3	3
		国家潜在引领度	得分	0.20	0.42	0.02	0.03	0.01	0.02	0.03	0.03	0.01	0.01
			排名	2	1	8	4	12	8	4	4	12	12

附表 II-4　主要十国农业资源与环境学科领域各热点前沿表现力指数及分指标得分与排名

研究热点或前沿名称	指标体系	指标名称	项 目	中 国	美 国	西班牙	德 国	荷 兰	澳大利亚	意大利	英 国	法 国	日 本
1. 研究热点：土壤侵蚀过程监测及相关阻控技术研究	一级指标	国家表现力	得分	0.65	1.16	3.77	1.04	2.57	0.91	2.55	0.23	0.08	0.04
			排名	8	4	1	5	2	6	3	13	16	20
	二级指标	国家贡献度	得分	0.17	0.32	0.95	0.34	0.67	0.28	0.57	0.06	0.02	0.01
			排名	8	5	1	4	2	6	3	10	16	18
	三级指标	国家基础贡献度	得分	0.00	0.25	0.83	0.29	0.63	0.25	0.50	0.04	0.00	0.00
			排名	15	5	1	4	2	5	3	9	15	15
		国家潜在贡献度	得分	0.17	0.07	0.12	0.05	0.05	0.03	0.07	0.02	0.02	0.01
			排名	1	3	2	5	5	8	3	9	9	14
	二级指标	国家影响度	得分	0.18	0.79	2.17	0.48	1.75	0.60	1.63	0.15	0.05	0.02
			排名	10	4	1	7	2	6	3	14	15	19
	三级指标	国家基础影响度	得分	0.00	0.52	1.67	0.32	1.42	0.49	1.32	0.07	0.00	0.00
			排名	15	5	1	6	2	6	3	13	15	15
		国家潜在影响度	得分	0.18	0.26	0.50	0.16	0.33	0.12	0.31	0.07	0.05	0.02
			排名	5	4	1	6	2	7	3	10	11	17
	二级指标	国家引领度	得分	0.31	0.05	0.64	0.22	0.15	0.02	0.35	0.02	0.02	0.01
			排名	3	8	1	4	5	10	2	10	10	16
	三级指标	国家基础引领度	得分	0.00	0.00	0.50	0.17	0.13	0.00	0.25	0.00	0.00	0.00
			排名	7	7	1	3	4	7	2	7	7	7
		国家潜在引领度	得分	0.31	0.05	0.14	0.05	0.02	0.02	0.10	0.02	0.02	0.01
			排名	1	5	2	5	8	8	3	8	8	16

研究热点或前沿名称	指标体系	指标名称	项目	中国	美国	西班牙	德国	荷兰	澳大利亚	意大利	英国	法国	日本
2. 研究前沿：基于功能材料与生物的河湖湿地污染修复	一级指标	国家表现力	得分	5.40	0.15	0.05	0.05	0.01	0.08	0.02	0.03	0.03	0.05
			排名	1	2	7	7	25	5	18	13	13	7
	二级指标	国家贡献度	得分	1.39	0.05	0.02	0.01	0.01	0.02	0.01	0.01	0.01	0.01
			排名	1	2	5	9	9	5	9	9	9	9
	三级指标	国家基础贡献度	得分	1.00	0.00	0.00	0.00	0.00	0.00	0.00	0.00	0.00	0.00
			排名	1	2	2	2	2	2	2	2	2	2
		国家潜在贡献度	得分	0.39	0.05	0.02	0.01	0.01	0.02	0.01	0.01	0.01	0.01
			排名	1	2	5	9	9	5	9	9	9	9
	二级指标	国家影响度	得分	2.39	0.07	0.01	0.03	0.00	0.04	0.00	0.01	0.01	0.03
			排名	1	2	12	7	24	4	24	12	12	7
	三级指标	国家基础影响度	得分	1.62	0.00	0.00	0.00	0.00	0.00	0.00	0.00	0.00	0.00
			排名	1	2	2	2	2	2	2	2	2	2
		国家潜在影响度	得分	0.77	0.07	0.01	0.03	0.00	0.04	0.00	0.01	0.01	0.03
			排名	1	2	12	7	24	4	24	12	12	7
	二级指标	国家引领度	得分	1.61	0.03	0.02	0.01	0.00	0.02	0.01	0.00	0.01	0.01
			排名	1	4	6	9	25	6	9	25	9	9
	三级指标	国家基础引领度	得分	1.00	0.00	0.00	0.00	0.00	0.00	0.00	0.00	0.00	0.00
			排名	1	2	2	2	2	2	2	2	2	2
		国家潜在引领度	得分	0.61	0.03	0.02	0.01	0.00	0.02	0.01	0.00	0.01	0.01
			排名	1	4	6	9	25	6	9	25	9	9
3. 研究热点：土壤改良剂在作物耐逆中的应用	一级指标	国家表现力	得分	3.00	0.19	0.05	0.57	0.01	0.71	0.06	0.05	0.73	0.03
			排名	1	14	21	7	30	6	18	21	5	24
	二级指标	国家贡献度	得分	0.84	0.06	0.01	0.23	0.00	0.14	0.02	0.02	0.17	0.01
			排名	1	13	21	5	29	7	17	17	6	21
	三级指标	国家基础贡献度	得分	0.52	0.00	0.00	0.19	0.00	0.10	0.00	0.00	0.14	0.00
			排名	2	14	14	5	14	7	14	14	6	14
		国家潜在贡献度	得分	0.32	0.06	0.01	0.04	0.00	0.05	0.02	0.02	0.02	0.01
			排名	1	3	17	6	28	4	10	10	10	17
	二级指标	国家影响度	得分	1.31	0.09	0.02	0.33	0.00	0.56	0.01	0.03	0.45	0.01
			排名	2	15	19	7	33	5	21	18	6	21
	三级指标	国家基础影响度	得分	0.74	0.00	0.00	0.22	0.00	0.34	0.00	0.00	0.39	0.00
			排名	2	14	14	9	14	6	14	14	5	14
		国家潜在影响度	得分	0.57	0.09	0.02	0.11	0.00	0.22	0.00	0.03	0.06	0.01
			排名	1	9	17	7	33	4	20	14	11	20
	二级指标	国家引领度	得分	0.85	0.04	0.01	0.01	0.00	0.01	0.02	0.01	0.12	0.01
			排名	1	5	11	11	27	11	9	11	4	11
	三级指标	国家基础引领度	得分	0.38	0.00	0.00	0.00	0.00	0.00	0.00	0.00	0.10	0.00
			排名	2	5	5	5	5	5	5	5	3	5
		国家潜在引领度	得分	0.47	0.04	0.01	0.01	0.00	0.01	0.02	0.01	0.02	0.01
			排名	1	3	11	11	27	11	8	11	8	11

（续表）

研究热点或前沿名称	指标体系	指标名称	项目	中国	美国	西班牙	德国	荷兰	澳大利亚	意大利	英国	法国	日本
4. 研究热点：磷肥可持续利用与水体富营养化	一级指标	国家表现力	得分	0.94	3.27	0.13	0.16	0.37	0.37	0.12	0.86	0.08	0.02
			排名	2	1	11	8	5	5	13	3	17	25
	二级指标	国家贡献度	得分	0.35	0.95	0.04	0.06	0.13	0.14	0.04	0.26	0.02	0.01
			排名	2	1	12	7	6	5	12	4	20	22
	三级指标	国家基础贡献度	得分	0.21	0.68	0.03	0.03	0.11	0.11	0.03	0.21	0.00	0.00
			排名	2	1	9	9	5	5	9	2	20	20
		国家潜在贡献度	得分	0.14	0.27	0.02	0.04	0.02	0.03	0.01	0.05	0.02	0.01
			排名	2	1	8	5	8	6	13	4	8	13
	二级指标	国家影响度	得分	0.33	1.50	0.04	0.07	0.18	0.16	0.04	0.46	0.04	0.01
			排名	4	1	13	9	5	6	13	2	13	24
	三级指标	国家基础影响度	得分	0.18	0.94	0.02	0.01	0.11	0.11	0.02	0.32	0.00	0.00
			排名	4	1	11	16	5	5	11	2	20	20
		国家潜在影响度	得分	0.15	0.56	0.02	0.06	0.07	0.05	0.02	0.14	0.04	0.01
			排名	2	1	16	6	5	7	16	4	8	21
	二级指标	国家引领度	得分	0.26	0.82	0.05	0.03	0.07	0.08	0.04	0.14	0.02	0.01
			排名	2	1	7	10	5	5	9	3	14	16
	三级指标	国家基础引领度	得分	0.08	0.47	0.03	0.00	0.05	0.05	0.03	0.11	0.00	0.00
			排名	3	1	7	12	4	4	7	2	12	12
		国家潜在引领度	得分	0.18	0.34	0.02	0.03	0.02	0.03	0.01	0.04	0.02	0.01
			排名	2	1	9	5	9	5	13	4	9	13
5. 研究热点：菌根真菌驱动的碳循环与土壤肥力	一级指标	国家表现力	得分	0.51	2.79	0.09	0.91	0.44	0.33	0.36	0.57	1.21	0.08
			排名	9	1	25	4	11	14	12	6	3	26
	二级指标	国家贡献度	得分	0.16	0.80	0.03	0.30	0.15	0.10	0.08	0.17	0.36	0.02
			排名	8	1	25	4	9	11	13	7	3	26
	三级指标	国家基础贡献度	得分	0.06	0.59	0.00	0.24	0.12	0.06	0.06	0.12	0.29	0.00
			排名	10	1	24	4	7	10	10	7	3	24
		国家潜在贡献度	得分	0.10	0.21	0.03	0.07	0.03	0.04	0.02	0.05	0.07	0.02
			排名	2	1	9	3	9	7	13	6	3	13
	二级指标	国家影响度	得分	0.16	1.40	0.03	0.54	0.27	0.20	0.26	0.30	0.66	0.03
			排名	17	1	26	4	10	16	11	9	3	26
	三级指标	国家基础影响度	得分	0.03	0.92	0.00	0.40	0.10	0.08	0.23	0.17	0.47	0.00
			排名	23	2	24	4	15	22	9	14	3	24
		国家潜在影响度	得分	0.13	0.48	0.03	0.14	0.17	0.12	0.04	0.14	0.19	0.03
			排名	7	1	20	4	2	8	13	4	2	20
	二级指标	国家引领度	得分	0.19	0.60	0.03	0.06	0.02	0.03	0.02	0.10	0.18	0.02
			排名	3	1	9	7	11	9	11	5	4	11
	三级指标	国家基础引领度	得分	0.06	0.35	0.00	0.00	0.00	0.00	0.00	0.06	0.12	0.00
			排名	4	2	7	7	7	7	7	4	3	7
		国家潜在引领度	得分	0.14	0.24	0.03	0.06	0.02	0.03	0.02	0.04	0.06	0.02
			排名	2	1	8	3	10	8	10	6	3	10

（续表）

研究热点或前沿名称	指标体系	指标名称	项目	中国	美国	西班牙	德国	荷兰	澳大利亚	意大利	英国	法国	日本
6. 研究热点：土壤真菌群落结构及其功能	一级指标	国家表现力	得分	0.95	3.65	0.76	1.72	0.71	0.71	0.64	1.38	0.21	0.57
			排名	9	1	11	5	13	13	16	6	32	19
	二级指标	国家贡献度	得分	0.26	1.10	0.16	0.46	0.17	0.18	0.16	0.32	0.05	0.15
			排名	9	1	13	5	12	10	13	6	32	16
	三级指标	国家基础贡献度	得分	0.13	0.88	0.13	0.38	0.13	0.13	0.13	0.25	0.00	0.13
			排名	9	1	9	5	9	9	9	6	32	9
		国家潜在贡献度	得分	0.14	0.23	0.04	0.09	0.04	0.05	0.03	0.07	0.05	0.02
			排名	2	1	9	3	9	7	12	4	7	16
	二级指标	国家影响度	得分	0.53	1.82	0.56	1.19	0.51	0.49	0.45	1.02	0.11	0.40
			排名	12	1	10	5	14	16	17	6	32	22
	三级指标	国家基础影响度	得分	0.35	1.32	0.46	0.96	0.35	0.35	0.35	0.81	0.00	0.35
			排名	14	1	9	5	14	14	14	6	32	14
		国家潜在影响度	得分	0.18	0.50	0.10	0.23	0.17	0.14	0.11	0.21	0.11	0.06
			排名	4	1	13	2	5	8	11	3	11	21
	二级指标	国家引领度	得分	0.17	0.73	0.03	0.07	0.03	0.04	0.03	0.04	0.04	0.02
			排名	4	1	10	5	10	10	7	7	7	14
	三级指标	国家基础引领度	得分	0.00	0.50	0.00	0.00	0.00	0.00	0.00	0.00	0.00	0.00
			排名	4	1	4	4	4	4	4	4	4	4
		国家潜在引领度	得分	0.17	0.23	0.03	0.07	0.03	0.04	0.03	0.04	0.04	0.02
			排名	2	1	9	3	9	5	9	5	5	14
7. 研究热点：畜禽粪便与废弃物处理再利用	一级指标	国家表现力	得分	2.22	1.05	0.15	0.04	0.03	0.12	0.07	0.13	0.04	0.07
			排名	1	2	9	19	25	13	15	11	19	15
	二级指标	国家贡献度	得分	0.81	0.25	0.04	0.01	0.01	0.04	0.02	0.04	0.02	0.02
			排名	1	2	10	21	21	10	14	10	14	14
	三级指标	国家基础贡献度	得分	0.57	0.14	0.00	0.00	0.00	0.00	0.00	0.00	0.00	0.00
			排名	1	2	8	8	8	8	8	8	8	8
		国家潜在贡献度	得分	0.24	0.10	0.04	0.01	0.01	0.04	0.02	0.04	0.02	0.02
			排名	1	2	6	19	19	6	11	6	11	11
	二级指标	国家影响度	得分	0.86	0.58	0.07	0.01	0.01	0.05	0.03	0.06	0.02	0.04
			排名	1	2	9	23	23	11	17	10	18	14
	三级指标	国家基础影响度	得分	0.52	0.43	0.00	0.00	0.00	0.00	0.00	0.00	0.00	0.00
			排名	1	2	8	8	8	8	8	8	8	8
		国家潜在影响度	得分	0.34	0.15	0.07	0.01	0.01	0.05	0.03	0.06	0.02	0.04
			排名	1	2	5	21	21	7	15	6	16	10
	二级指标	国家引领度	得分	0.55	0.23	0.04	0.01	0.01	0.03	0.02	0.03	0.01	0.01
			排名	1	2	9	17	17	11	13	11	17	17
	三级指标	国家基础引领度	得分	0.29	0.14	0.00	0.00	0.00	0.00	0.00	0.00	0.00	0.00
			排名	1	2	7	7	7	7	7	7	7	7
		国家潜在引领度	得分	0.26	0.08	0.04	0.01	0.01	0.03	0.02	0.03	0.01	0.01
			排名	1	2	6	16	16	8	11	8	16	16

（续表）

研究热点或前沿名称	指标体系	指标名称	项目	中国	美国	西班牙	德国	荷兰	澳大利亚	意大利	英国	法国	日本
8. 研究热点：生物炭对农田温室气体排放的影响研究	一级指标	国家表现力	得分	1.89	1.94	1.46	0.66	0.46	1.04	0.09	0.15	0.04	0.04
			排名	2	1	3	5	6	4	11	9	19	19
	二级指标	国家贡献度	得分	0.51	0.53	0.41	0.19	0.14	0.32	0.03	0.04	0.01	0.01
			排名	2	1	3	5	6	4	10	9	17	17
	三级指标	国家基础贡献度	得分	0.25	0.38	0.38	0.13	0.13	0.25	0.00	0.00	0.00	0.00
			排名	3	1	1	5	5	3	9	9	9	9
		国家潜在贡献度	得分	0.26	0.16	0.03	0.07	0.02	0.07	0.03	0.04	0.01	0.01
			排名	1	2	6	3	9	3	6	5	15	15
	二级指标	国家影响度	得分	0.77	1.00	0.77	0.29	0.31	0.66	0.04	0.08	0.02	0.01
			排名	2	1	2	6	5	4	13	8	16	25
	三级指标	国家基础影响度	得分	0.34	0.75	0.66	0.15	0.25	0.45	0.00	0.00	0.00	0.00
			排名	4	1	2	5	3	3	9	9	9	9
		国家潜在影响度	得分	0.43	0.26	0.10	0.14	0.06	0.21	0.04	0.08	0.02	0.01
			排名	1	2	5	4	7	3	11	6	14	24
	二级指标	国家引领度	得分	0.61	0.40	0.28	0.18	0.01	0.06	0.02	0.03	0.01	0.02
			排名	1	2	3	4	15	6	9	8	15	9
	三级指标	国家基础引领度	得分	0.25	0.25	0.25	0.13	0.00	0.00	0.00	0.00	0.00	0.00
			排名	1	1	1	4	6	6	6	6	6	6
		国家潜在引领度	得分	0.36	0.15	0.03	0.05	0.01	0.06	0.02	0.03	0.01	0.02
			排名	1	2	6	4	14	3	8	6	14	8

附表Ⅱ-5　主要十国农产品质量与加工学科领域各热点前沿表现力指数及分指标得分与排名

研究热点或前沿名称	指标体系	指标名称	项目	意大利	美国	中国	西班牙	澳大利亚	英国	荷兰	德国	法国	日本
1. 研究前沿：3D食品打印技术研究	一级指标	国家表现力	得分	0.32	1.07	2.57	0.07	2.52	0.33	0.24	0.33	0.54	0.04
			排名	10	3	1	17	2	8	11	8	5	19
	二级指标	国家贡献度	得分	0.03	0.18	0.62	0.02	0.58	0.04	0.02	0.01	0.15	0.01
			排名	9	3	1	10	2	8	10	14	4	14
	三级指标	国家基础贡献度	得分	0.00	0.13	0.50	0.00	0.50	0.00	0.00	0.00	0.13	0.00
			排名	8	3	1	8	1	8	8	8	3	8
		国家潜在贡献度	得分	0.03	0.06	0.12	0.02	0.08	0.04	0.02	0.01	0.02	0.01
			排名	5	3	1	6	2	4	6	11	6	11
	二级指标	国家影响度	得分	0.22	0.64	1.16	0.02	1.73	0.22	0.18	0.30	0.37	0.00
			排名	7	3	2	18	1	7	11	6	4	25
	三级指标	国家基础影响度	得分	0.00	0.46	0.92	0.00	1.36	0.00	0.00	0.00	0.18	0.00
			排名	8	3	2	8	1	8	8	8	2	8
		国家潜在影响度	得分	0.22	0.18	0.24	0.02	0.37	0.22	0.18	0.30	0.18	0.00
			排名	4	6	3	16	1	4	6	2	6	24
	二级指标	国家引领度	得分	0.07	0.24	0.79	0.04	0.21	0.07	0.03	0.02	0.03	0.03
			排名	6	2	1	8	3	6	9	14	9	9
	三级指标	国家基础引领度	得分	0.00	0.13	0.50	0.00	0.13	0.00	0.00	0.00	0.00	0.00
			排名	6	2	1	6	2	6	6	6	6	6
		国家潜在引领度	得分	0.07	0.11	0.29	0.04	0.08	0.07	0.03	0.02	0.03	0.03
			排名	4	2	1	6	3	4	7	12	7	7

（续表）

研究热点或前沿名称	指标体系	指标名称	项目	意大利	美国	中国	西班牙	澳大利亚	英国	荷兰	德国	法国	日本
2. 研究前沿：智能食品包装技术及其对食品质量安全的提升作用研究	一级指标	国家表现力	得分	0.78	0.83	0.82	1.03	0.66	0.06	0.01	0.10	0.08	0.00
			排名	4	2	3	1	7	15	43	13	14	55
	二级指标	国家贡献度	得分	0.24	0.40	0.29	0.24	0.20	0.02	0.00	0.03	0.03	0.00
			排名	3	1	2	3	7	15	40	12	12	40
	三级指标	国家基础贡献度	得分	0.17	0.33	0.17	0.17	0.17	0.00	0.00	0.00	0.00	0.00
			排名	2	1	2	2	2	10	10	10	10	10
		国家潜在贡献度	得分	0.07	0.07	0.12	0.07	0.03	0.02	0.00	0.03	0.03	0.00
			排名	2	2	1	2	9	13	40	9	9	40
	二级指标	国家影响度	得分	0.30	0.37	0.21	0.54	0.27	0.02	0.00	0.04	0.03	0.00
			排名	4	2	8	1	5	17	44	13	15	44
	三级指标	国家基础影响度	得分	0.19	0.25	0.08	0.42	0.17	0.00	0.00	0.00	0.00	0.00
			排名	4	3	8	1	7	10	10	10	10	10
		国家潜在影响度	得分	0.11	0.12	0.13	0.12	0.10	0.02	0.00	0.04	0.03	0.00
			排名	4	2	1	2	5	16	44	12	14	44
	二级指标	国家引领度	得分	0.25	0.06	0.32	0.25	0.19	0.01	0.01	0.03	0.02	0.00
			排名	2	7	1	2	5	18	18	12	14	40
	三级指标	国家基础引领度	得分	0.17	0.00	0.17	0.17	0.17	0.00	0.00	0.00	0.00	0.00
			排名	1	7	1	1	1	7	7	7	7	7
		国家潜在引领度	得分	0.08	0.06	0.15	0.08	0.03	0.01	0.01	0.03	0.02	0.00
			排名	2	4	1	2	10	17	17	10	13	40
3. 研究热点：果蔬采后生物技术研究	一级指标	国家表现力	得分	3.22	1.49	1.99	0.61	0.01	0.03	0.02	0.01	0.08	0.02
			排名	1	4	3	5	35	17	20	35	9	20
	二级指标	国家贡献度	得分	0.96	0.56	0.58	0.23	0.01	0.01	0.01	0.01	0.02	0.00
			排名	1	4	3	5	12	12	12	12	9	35
	三级指标	国家基础贡献度	得分	0.83	0.50	0.33	0.17	0.00	0.00	0.00	0.00	0.00	0.00
			排名	1	3	4	5	8	8	8	8	8	8
		国家潜在贡献度	得分	0.13	0.06	0.24	0.06	0.01	0.01	0.01	0.01	0.02	0.00
			排名	2	3	1	3	11	11	11	11	8	35
	二级指标	国家影响度	得分	1.44	0.89	0.89	0.31	0.00	0.00	0.00	0.00	0.03	0.01
			排名	1	3	3	5	33	16	16	33	8	16
	三级指标	国家基础影响度	得分	1.04	0.75	0.61	0.16	0.00	0.00	0.00	0.00	0.00	0.00
			排名	2	3	4	6	8	8	8	8	8	8
		国家潜在影响度	得分	0.40	0.15	0.28	0.15	0.00	0.00	0.00	0.00	0.03	0.01
			排名	1	4	2	4	33	16	16	33	7	16
	二级指标	国家引领度	得分	0.82	0.03	0.52	0.08	0.01	0.01	0.01	0.00	0.03	0.01
			排名	1	7	2	4	13	13	13	32	7	13
	三级指标	国家基础引领度	得分	0.67	0.00	0.17	0.00	0.00	0.00	0.00	0.00	0.00	0.00
			排名	1	4	2	4	4	4	4	4	4	4
		国家潜在引领度	得分	0.15	0.03	0.35	0.08	0.01	0.01	0.01	0.00	0.03	0.01
			排名	2	6	1	3	13	13	13	32	6	13

（续表）

研究热点或前沿名称	指标体系	指标名称	项目	意大利	美国	中国	西班牙	澳大利亚	英国	荷兰	德国	法国	日本
4. 研究热点：益生菌在食品中的应用及其安全评价	一级指标	国家表现力	得分	0.51	0.72	0.14	0.35	0.43	0.72	0.67	0.34	0.12	0.03
			排名	5	2	13	9	6	2	4	10	15	24
	二级指标	国家贡献度	得分	0.20	0.20	0.04	0.10	0.20	0.18	0.15	0.09	0.03	0.01
			排名	2	2	14	9	2	5	6	10	15	21
	三级指标	国家基础贡献度	得分	0.16	0.11	0.00	0.05	0.16	0.11	0.11	0.05	0.00	0.00
			排名	2	4	14	9	2	4	4	9	14	14
		国家潜在贡献度	得分	0.04	0.10	0.04	0.04	0.04	0.07	0.05	0.04	0.03	0.01
			排名	5	2	5	5	5	3	4	5	12	20
	二级指标	国家影响度	得分	0.22	0.37	0.04	0.20	0.20	0.43	0.37	0.16	0.05	0.01
			排名	5	3	16	7	7	2	3	10	13	23
	三级指标	国家基础影响度	得分	0.14	0.24	0.00	0.12	0.14	0.30	0.25	0.11	0.00	0.00
			排名	6	4	14	8	6	2	3	10	14	14
		国家潜在影响度	得分	0.08	0.13	0.04	0.08	0.06	0.14	0.12	0.04	0.05	0.01
			排名	6	3	12	6	9	2	4	12	10	23
	二级指标	国家引领度	得分	0.09	0.15	0.05	0.05	0.04	0.11	0.15	0.09	0.03	0.01
			排名	5	2	10	10	12	4	2	5	13	21
	三级指标	国家基础引领度	得分	0.05	0.05	0.00	0.00	0.00	0.05	0.11	0.05	0.00	0.00
			排名	3	3	10	10	10	3	2	3	10	10
		国家潜在引领度	得分	0.04	0.10	0.05	0.05	0.04	0.06	0.05	0.04	0.03	0.01
			排名	7	2	4	4	7	3	4	7	10	19
5. 研究热点：浆果中主要生物活性物质功能研究	一级指标	国家表现力	得分	4.18	0.30	0.39	2.56	0.13	0.11	0.04	0.08	0.04	0.09
			排名	1	6	5	2	7	9	19	14	19	10
	二级指标	国家贡献度	得分	1.14	0.09	0.11	0.93	0.04	0.04	0.01	0.02	0.02	0.02
			排名	1	6	5	2	7	7	19	11	11	11
	三级指标	国家基础贡献度	得分	1.00	0.00	0.00	0.83	0.00	0.00	0.00	0.00	0.00	0.00
			排名	1	5	5	2	5	5	5	5	5	5
		国家潜在贡献度	得分	0.14	0.09	0.11	0.10	0.04	0.04	0.01	0.02	0.02	0.02
			排名	1	4	2	3	6	6	19	11	11	11
	二级指标	国家影响度	得分	1.86	0.12	0.15	1.38	0.05	0.05	0.02	0.03	0.02	0.03
			排名	1	6	5	2	7	7	18	13	18	13
	三级指标	国家基础影响度	得分	1.52	0.00	0.00	1.15	0.00	0.00	0.00	0.00	0.00	0.00
			排名	1	5	5	2	5	5	5	5	5	5
		国家潜在影响度	得分	0.34	0.12	0.15	0.23	0.05	0.05	0.02	0.03	0.02	0.03
			排名	1	5	4	2	7	7	18	13	18	13
	二级指标	国家引领度	得分	1.18	0.09	0.15	0.25	0.04	0.03	0.01	0.03	0.01	0.04
			排名	1	4	3	2	6	11	18	11	18	6
	三级指标	国家基础引领度	得分	1.00	0.00	0.00	0.17	0.00	0.00	0.00	0.00	0.00	0.00
			排名	1	3	3	2	3	3	3	3	3	3
		国家潜在引领度	得分	0.18	0.09	0.15	0.08	0.04	0.03	0.01	0.03	0.01	0.04
			排名	1	3	2	4	6	11	18	11	18	6

（续表）

研究热点或前沿名称	指标体系	指标名称	项目	意大利	美国	中国	西班牙	澳大利亚	英国	荷兰	德国	法国	日本
6. 研究热点：纳米乳液制备、递送及应用	一级指标	国家表现力	得分	0.06	4.26	1.82	0.55	0.05	0.09	0.03	0.08	0.05	0.05
			排名	14	1	2	5	18	10	25	12	18	18
	二级指标	国家贡献度	得分	0.02	1.17	0.54	0.14	0.01	0.02	0.01	0.02	0.01	0.02
			排名	10	1	3	5	18	10	18	10	18	10
	三级指标	国家基础贡献度	得分	0.00	1.00	0.33	0.11	0.00	0.00	0.00	0.00	0.00	0.00
			排名	7	1	3	5	7	7	7	7	7	7
		国家潜在贡献度	得分	0.02	0.17	0.20	0.03	0.01	0.02	0.01	0.02	0.01	0.02
			排名	8	2	1	5	18	8	16	8	16	8
	二级指标	国家影响度	得分	0.02	2.10	0.77	0.37	0.02	0.04	0.01	0.03	0.02	0.01
			排名	14	1	3	5	14	9	22	12	14	22
	三级指标	国家基础影响度	得分	0.00	1.64	0.45	0.32	0.00	0.00	0.00	0.00	0.00	0.00
			排名	7	1	3	5	7	7	7	7	7	7
		国家潜在影响度	得分	0.02	0.46	0.32	0.05	0.02	0.04	0.01	0.03	0.02	0.01
			排名	13	1	2	4	13	7	21	11	13	21
	二级指标	国家引领度	得分	0.02	0.99	0.51	0.04	0.02	0.02	0.01	0.03	0.02	0.02
			排名	11	1	2	6	11	11	22	9	11	11
	三级指标	国家基础引领度	得分	0.00	0.78	0.22	0.00	0.00	0.00	0.00	0.00	0.00	0.00
			排名	5	1	2	5	5	5	5	5	5	5
		国家潜在引领度	得分	0.02	0.21	0.29	0.04	0.02	0.02	0.01	0.03	0.02	0.02
			排名	9	2	1	4	9	9	20	7	9	9

附表Ⅱ-6　主要十国农业信息与农业工程学科领域各热点前沿表现力指数及分指标得分与排名

研究热点或前沿名称	指标体系	指标名称	项目	中国	美国	英国	德国	荷兰	澳大利亚	西班牙	意大利	法国	日本
1. 研究前沿：农业废弃物微波热解技术	一级指标	国家表现力	得分	1.07	0.17	1.95	0.01	0.00	0.01	0.06	0.07	0.02	0.04
			排名	3	6	2	28	44	28	12	10	21	15
	二级指标	国家贡献度	得分	0.32	0.07	0.70	0.00	0.00	0.00	0.01	0.02	0.01	0.02
			排名	3	5	2	28	28	28	14	11	14	11
	三级指标	国家基础贡献度	得分	0.00	0.00	0.67	0.00	0.00	0.00	0.00	0.00	0.00	0.00
			排名	4	4	2	4	4	4	4	4	4	4
		国家潜在贡献度	得分	0.32	0.07	0.03	0.00	0.00	0.00	0.01	0.02	0.01	0.02
			排名	1	3	7	28	28	28	13	10	13	10
	二级指标	国家影响度	得分	0.37	0.07	1.25	0.00	0.00	0.00	0.03	0.02	0.01	0.00
			排名	3	6	2	24	24	17	7	14	17	24
	三级指标	国家基础影响度	得分	0.00	0.00	1.11	0.00	0.00	0.00	0.00	0.00	0.00	0.00
			排名	4	4	2	4	4	4	4	4	4	4
		国家潜在影响度	得分	0.37	0.07	0.14	0.00	0.00	0.01	0.03	0.02	0.01	0.00
			排名	2	5	3	24	24	17	6	13	17	24
	二级指标	国家引领度	得分	0.37	0.03	0.00	0.00	0.00	0.00	0.01	0.03	0.00	0.02
			排名	2	7	20	20	20	20	15	7	20	11
	三级指标	国家基础引领度	得分	0.00	0.00	0.00	0.00	0.00	0.00	0.00	0.00	0.00	0.00
			排名	3	3	3	3	3	3	3	3	3	3
		国家潜在引领度	得分	0.37	0.03	0.00	0.00	0.00	0.00	0.01	0.03	0.00	0.02
			排名	1	6	19	19	19	19	14	6	19	10

（续表）

研究热点或前沿名称	指标体系	指标名称	项目	中 国	美 国	英 国	德 国	荷 兰	澳大利亚	西班牙	意大利	法 国	日 本
2. 研究热点：膜生物反应器在污水处理中的应用	一级指标	国家表现力	得分	3.33	0.44	0.66	0.05	0.05	0.12	0.14	0.09	0.09	0.49
			排名	1	6	3	18	18	13	12	14	14	5
	二级指标	国家贡献度	得分	0.82	0.15	0.29	0.02	0.01	0.04	0.04	0.03	0.03	0.11
			排名	1	5	3	17	21	12	12	14	14	7
	三级指标	国家基础贡献度	得分	0.50	0.08	0.25	0.00	0.00	0.00	0.00	0.00	0.00	0.08
			排名	1	5	2	12	12	12	12	12	12	5
		国家潜在贡献度	得分	0.32	0.07	0.04	0.02	0.01	0.04	0.04	0.03	0.03	0.03
			排名	1	2	5	13	18	5	5	9	9	9
	二级指标	国家影响度	得分	1.62	0.24	0.26	0.01	0.04	0.05	0.06	0.03	0.04	0.34
			排名	1	5	4	22	14	13	12	17	14	3
	三级指标	国家基础影响度	得分	1.09	0.10	0.21	0.00	0.00	0.00	0.00	0.00	0.00	0.29
			排名	1	5	4	12	12	12	12	12	12	3
		国家潜在影响度	得分	0.53	0.13	0.05	0.01	0.04	0.05	0.06	0.03	0.04	0.05
			排名	1	3	7	19	10	7	6	13	10	7
	二级指标	国家引领度	得分	0.89	0.05	0.11	0.01	0.01	0.03	0.04	0.03	0.02	0.03
			排名	1	7	3	11	11	11	9	11	16	11
	三级指标	国家基础引领度	得分	0.50	0.00	0.08	0.00	0.00	0.00	0.00	0.00	0.00	0.00
			排名	1	7	3	7	7	7	7	7	7	7
		国家潜在引领度	得分	0.39	0.05	0.03	0.01	0.01	0.03	0.04	0.03	0.02	0.03
			排名	1	3	7	16	16	7	5	7	13	7
3. 研究热点：基于深度学习的旋转机械故障诊断技术	一级指标	国家表现力	得分	4.66	0.56	0.27	0.35	0.01	0.04	0.02	0.03	0.22	0.03
			排名	1	2	7	4	27	18	22	19	10	19
	二级指标	国家贡献度	得分	1.10	0.14	0.06	0.09	0.00	0.01	0.01	0.01	0.06	0.01
			排名	1	3	9	6	25	16	16	16	9	16
	三级指标	国家基础贡献度	得分	0.73	0.09	0.05	0.09	0.00	0.00	0.00	0.00	0.05	0.00
			排名	1	3	9	3	15	15	15	15	9	15
		国家潜在贡献度	得分	0.38	0.05	0.02	0.00	0.00	0.01	0.01	0.01	0.01	0.01
			排名	1	2	3	18	18	6	6	6	6	6
	二级指标	国家影响度	得分	2.15	0.33	0.14	0.25	0.00	0.02	0.01	0.02	0.10	0.02
			排名	1	2	9	3	26	17	22	17	11	17
	三级指标	国家基础影响度	得分	1.37	0.19	0.10	0.23	0.00	0.00	0.00	0.00	0.06	0.00
			排名	1	3	9	2	15	15	15	15	13	15
		国家潜在影响度	得分	0.78	0.14	0.03	0.02	0.00	0.02	0.01	0.02	0.04	0.02
			排名	1	2	6	11	25	11	18	11	4	11
	二级指标	国家引领度	得分	1.42	0.09	0.07	0.00	0.00	0.01	0.01	0.01	0.06	0.01
			排名	1	2	3	24	24	12	12	12	4	12
	三级指标	国家基础引领度	得分	0.73	0.05	0.05	0.00	0.00	0.00	0.00	0.00	0.05	0.00
			排名	1	2	2	8	8	8	8	8	2	8
		国家潜在引领度	得分	0.69	0.04	0.02	0.00	0.00	0.00	0.01	0.01	0.01	0.01
			排名	1	2	4	23	23	8	8	8	8	8

（续表）

研究热点或前沿名称	指标体系	指标名称	项目	中国	美国	英国	德国	荷兰	澳大利亚	西班牙	意大利	法国	日本
4. 研究热点：生物柴油在燃油发动机中的应用	一级指标	国家表现力	得分	0.81	1.02	0.05	0.05	0.00	0.11	0.04	0.04	0.02	0.01
			排名	5	3	14	14	43	10	16	16	24	28
	二级指标	国家贡献度	得分	0.18	0.24	0.01	0.01	0.00	0.02	0.01	0.01	0.01	0.01
			排名	5	3	13	13	29	10	13	13	13	13
	三级指标	国家基础贡献度	得分	0.05	0.21	0.00	0.00	0.00	0.00	0.00	0.00	0.00	0.00
			排名	7	2	10	10	10	10	10	10	10	10
		国家潜在贡献度	得分	0.13	0.03	0.01	0.01	0.00	0.02	0.01	0.01	0.01	0.01
			排名	2	5	10	10	27	6	10	10	10	10
	二级指标	国家影响度	得分	0.35	0.58	0.02	0.02	0.00	0.06	0.02	0.02	0.01	0.00
			排名	5	2	14	14	28	10	14	14	20	28
	三级指标	国家基础影响度	得分	0.13	0.50	0.00	0.00	0.00	0.00	0.00	0.00	0.00	0.00
			排名	7	2	9	9	9	9	9	9	9	9
		国家潜在影响度	得分	0.22	0.08	0.02	0.02	0.00	0.00	0.02	0.02	0.01	0.00
			排名	2	5	12	12	27	6	12	12	18	27
	二级指标	国家引领度	得分	0.27	0.19	0.02	0.02	0.00	0.03	0.02	0.01	0.01	0.00
			排名	2	5	8	8	28	7	8	16	16	28
	三级指标	国家基础引领度	得分	0.05	0.16	0.00	0.00	0.00	0.00	0.00	0.00	0.00	0.00
			排名	6	3	7	7	7	7	7	7	7	7
		国家潜在引领度	得分	0.22	0.04	0.02	0.02	0.00	0.03	0.02	0.01	0.01	0.00
			排名	2	5	8	8	28	6	8	16	16	28
5. 研究热点：基于激光与雷达的森林生物量评估技术	一级指标	国家表现力	得分	0.82	1.35	2.66	0.75	1.43	1.41	0.08	0.48	0.29	0.05
			排名	6	5	2	7	3	4	16	9	12	20
	二级指标	国家贡献度	得分	0.22	0.39	0.84	0.20	0.43	0.44	0.03	0.15	0.07	0.01
			排名	6	5	1	7	4	3	13	9	12	18
	三级指标	国家基础贡献度	得分	0.13	0.25	0.75	0.13	0.38	0.38	0.00	0.13	0.00	0.00
			排名	6	5	1	6	3	3	12	6	12	12
		国家潜在贡献度	得分	0.10	0.14	0.09	0.07	0.05	0.06	0.03	0.03	0.07	0.01
			排名	2	1	3	5	8	7	10	10	5	17
	二级指标	国家影响度	得分	0.45	0.68	1.61	0.34	0.72	0.79	0.02	0.30	0.16	0.03
			排名	6	5	2	7	4	3	22	8	10	18
	三级指标	国家基础影响度	得分	0.30	0.35	1.28	0.16	0.53	0.59	0.00	0.21	0.00	0.00
			排名	6	5	2	9	4	3	12	7	12	12
		国家潜在影响度	得分	0.15	0.33	0.33	0.18	0.18	0.20	0.00	0.09	0.16	0.03
			排名	8	1	1	5	5	4	22	9	7	18
	二级指标	国家引领度	得分	0.14	0.27	0.21	0.21	0.29	0.18	0.03	0.03	0.06	0.01
			排名	7	3	4	4	2	6	11	11	9	18
	三级指标	国家基础引领度	得分	0.00	0.13	0.13	0.13	0.25	0.13	0.00	0.00	0.00	0.00
			排名	8	3	3	3	1	3	8	8	8	8
		国家潜在引领度	得分	0.14	0.15	0.09	0.09	0.04	0.06	0.03	0.03	0.06	0.01
			排名	2	1	4	4	8	6	10	10	6	17

研究热点或前沿名称	指标体系	指标名称	项目	中国	美国	英国	德国	荷兰	澳大利亚	西班牙	意大利	法国	日本
6. 研究前沿：微纳传感技术及其在农业水土和食品危害物检测中的应用	一级指标	国家表现力	得分	4.08	0.65	0.08	0.05	0.00	0.21	0.05	0.04	0.06	0.04
			排名	1	2	8	10	43	6	10	14	9	14
	二级指标	国家贡献度	得分	1.31	0.23	0.02	0.01	0.00	0.10	0.02	0.01	0.02	0.01
			排名	1	2	8	13	25	5	8	13	8	13
	三级指标	国家基础贡献度	得分	0.86	0.14	0.00	0.00	0.00	0.07	0.00	0.00	0.00	0.00
			排名	1	2	7	7	7	3	7	7	7	7
		国家潜在贡献度	得分	0.45	0.09	0.02	0.01	0.00	0.02	0.02	0.01	0.02	0.01
			排名	1	2	6	13	25	6	6	13	6	13
	二级指标	国家影响度	得分	1.41	0.34	0.05	0.03	0.00	0.10	0.02	0.02	0.02	0.02
			排名	1	2	7	8	26	6	10	10	10	10
	三级指标	国家基础影响度	得分	0.93	0.17	0.00	0.00	0.00	0.08	0.00	0.00	0.00	0.00
			排名	1	3	7	7	7	5	7	7	7	7
		国家潜在影响度	得分	0.48	0.17	0.05	0.03	0.00	0.03	0.02	0.02	0.02	0.02
			排名	1	2	4	6	26	6	10	10	10	10
	二级指标	国家引领度	得分	1.36	0.08	0.01	0.01	0.00	0.01	0.01	0.01	0.02	0.01
			排名	1	4	9	9	23	9	9	9	6	9
	三级指标	国家基础引领度	得分	0.86	0.00	0.00	0.00	0.00	0.00	0.00	0.00	0.00	0.00
			排名	1	4	4	4	4	4	4	4	4	4
		国家潜在引领度	得分	0.51	0.08	0.01	0.01	0.00	0.01	0.01	0.01	0.02	0.01
			排名	1	2	9	9	23	9	9	9	6	9
7. 研究热点：基于无人机遥感的植物表型分析技术	一级指标	国家表现力	得分	0.90	1.97	0.36	1.09	0.08	0.40	0.82	0.36	0.33	0.06
			排名	3	1	7	2	19	5	4	7	9	20
	二级指标	国家贡献度	得分	0.25	0.50	0.10	0.26	0.01	0.11	0.17	0.10	0.09	0.01
			排名	3	1	7	2	19	5	4	7	9	19
	三级指标	国家基础贡献度	得分	0.16	0.35	0.06	0.19	0.00	0.06	0.13	0.06	0.06	0.00
			排名	3	1	6	2	19	6	4	6	6	19
		国家潜在贡献度	得分	0.08	0.14	0.04	0.07	0.01	0.04	0.04	0.03	0.03	0.01
			排名	2	1	4	3	13	4	4	7	7	13
	二级指标	国家影响度	得分	0.46	1.00	0.17	0.58	0.05	0.21	0.49	0.19	0.17	0.03
			排名	4	1	8	2	17	6	3	7	8	21
	三级指标	国家基础影响度	得分	0.34	0.70	0.06	0.41	0.00	0.11	0.39	0.13	0.09	0.00
			排名	4	1	13	2	19	8	3	6	10	19
		国家潜在影响度	得分	0.12	0.30	0.11	0.17	0.05	0.10	0.11	0.06		0.03
			排名	3	1	4	2	9	6	4	8	7	15
	二级指标	国家引领度	得分	0.20	0.47	0.08	0.25	0.01	0.09	0.15	0.08	0.07	0.02
			排名	3	1	7	2	17	6	4	7	10	15
	三级指标	国家基础引领度	得分	0.06	0.26	0.03	0.16	0.00	0.03	0.10	0.03	0.03	0.00
			排名	5	1	7	2	15	7	3	7	7	15
		国家潜在引领度	得分	0.13	0.21	0.05	0.09	0.01	0.06	0.06	0.05	0.03	0.02
			排名	2	1	6	3	15	4	4	6	8	10

（续表）

研究热点或前沿名称	指标体系	指标名称	项目	中国	美国	英国	德国	荷兰	澳大利亚	西班牙	意大利	法国	日本
8. 研究热点：绿色供应链的智能决策支持技术	一级指标	国家表现力	得分	1.77	0.82	0.14	0.14	0.02	0.17	0.18	0.06	0.05	0.01
			排名	1	5	15	15	25	11	10	20	21	30
	二级指标	国家贡献度	得分	0.46	0.19	0.04	0.04	0.01	0.07	0.05	0.02	0.01	0.00
			排名	1	6	12	12	21	9	11	20	21	30
	三级指标	国家基础贡献度	得分	0.26	0.14	0.00	0.03	0.00	0.06	0.03	0.00	0.00	0.00
			排名	4	5	18	11	18	9	11	18	18	18
		国家潜在贡献度	得分	0.20	0.05	0.04	0.01	0.01	0.00	0.03	0.02	0.01	0.00
			排名	1	4	5	13	13	13	8	9	13	27
	二级指标	国家影响度	得分	0.75	0.53	0.07	0.09	0.01	0.05	0.07	0.03	0.03	0.01
			排名	2	5	13	12	22	19	13	20	20	22
	三级指标	国家基础影响度	得分	0.41	0.37	0.00	0.06	0.00	0.03	0.03	0.00	0.00	0.00
			排名	4	5	18	12	18	16	16	18	18	18
		国家潜在影响度	得分	0.34	0.16	0.07	0.03	0.01	0.02	0.04	0.03	0.03	0.01
			排名	1	2	7	11	19	17	10	11	11	19
	二级指标	国家引领度	得分	0.56	0.10	0.03	0.01	0.00	0.04	0.06	0.02	0.01	0.00
			排名	1	7	12	16	26	10	8	13	16	26
	三级指标	国家基础引领度	得分	0.23	0.06	0.00	0.00	0.00	0.03	0.03	0.00	0.00	0.00
			排名	1	6	11	11	11	7	7	11	11	11
		国家潜在引领度	得分	0.33	0.04	0.03	0.01	0.00	0.01	0.03	0.02	0.01	0.00
			排名	1	6	7	14	26	14	7	10	14	26
9. 研究热点：基于多元光谱成像的食品质量无损检测技术	一级指标	国家表现力	得分	3.73	0.13	0.05	0.04	0.00	0.05	0.10	0.07	0.02	0.23
			排名	2	6	12	14	39	12	8	9	18	4
	二级指标	国家贡献度	得分	0.84	0.04	0.01	0.01	0.00	0.01	0.02	0.01	0.00	0.07
			排名	2	5	9	9	17	9	8	9	17	3
	三级指标	国家基础贡献度	得分	0.64	0.00	0.00	0.00	0.00	0.00	0.00	0.00	0.00	0.06
			排名	2	7	7	7	7	7	7	7	7	3
		国家潜在贡献度	得分	0.21	0.04	0.01	0.01	0.00	0.01	0.02	0.01	0.00	0.01
			排名	1	3	5	5	16	5	4	5	16	5
	二级指标	国家影响度	得分	2.01	0.06	0.02	0.01	0.00	0.05	0.03	0.01	0.14
			排名	2	6	11	15	29	12	8	9	15	3
	三级指标	国家基础影响度	得分	1.42	0.00	0.00	0.00	0.00	0.00	0.00	0.00	0.00	0.10
			排名	2	7	7	7	7	7	7	7	7	3
		国家潜在影响度	得分	0.59	0.06	0.02	0.01	0.00	0.02	0.03	0.01	0.04
			排名	1	3	8	15	29	4	6	15	5
	二级指标	国家引领度	得分	0.88	0.04	0.01	0.02	0.00	0.03	0.03	0.01	0.02
			排名	1	4	14	9	28	9	5	5	14	9
	三级指标	国家基础引领度	得分	0.39	0.00	0.00	0.00	0.00	0.00	0.00	0.00	0.00	0.00
			排名	2	4	4	4	4	4	4	4	4	4
		国家潜在引领度	得分	0.48	0.04	0.01	0.02	0.00	0.02	0.03	0.01	0.02
			排名	1	3	13	8	28	8	4	4	13	8

研究热点或前沿名称	指标体系	指标名称	项目	中国	美国	英国	德国	荷兰	澳大利亚	西班牙	意大利	法国	日本
10. 研究热点：木质素解聚增值技术	一级指标	国家表现力	得分	1.45	3.11	0.65	0.62	1.08	0.03	0.32	0.04	0.08	0.19
			排名	2	1	4	5	3	19	7	16	13	12
	二级指标	国家贡献度	得分	0.28	0.64	0.15	0.16	0.28	0.01	0.06	0.01	0.02	0.06
			排名	2	1	5	4	2	14	6	14	13	6
	三级指标	国家基础贡献度	得分	0.13	0.52	0.13	0.13	0.26	0.00	0.04	0.00	0.00	0.04
			排名	3	1	3	3	2	13	6	13	13	6
		国家潜在贡献度	得分	0.15	0.12	0.02	0.03	0.01	0.01	0.02	0.01	0.02	0.02
			排名	1	2	4	3	10	10	4	10	4	4
	二级指标	国家影响度	得分	0.76	1.82	0.37	0.38	0.56	0.01	0.19	0.01	0.04	0.11
			排名	2	1	6	5	3	17	7	17	13	10
	三级指标	国家基础影响度	得分	0.49	1.47	0.29	0.29	0.47	0.00	0.12	0.00	0.04	0.08
			排名	2	1	5	5	3	13	7	13	13	10
		国家潜在影响度	得分	0.28	0.35	0.08	0.09	0.08	0.01	0.06	0.01	0.04	0.03
			排名	2	1	4	3	4	17	6	17	10	11
	二级指标	国家引领度	得分	0.41	0.65	0.12	0.09	0.24	0.01	0.07	0.02	0.02	0.03
			排名	2	1	3	5	2	18	6	14	14	5
	三级指标	国家基础引领度	得分	0.09	0.43	0.09	0.04	0.22	0.00	0.04	0.00	0.00	0.00
			排名	3	1	3	5	2	11	5	11	11	11
		国家潜在引领度	得分	0.32	0.22	0.04	0.04	0.03	0.01	0.03	0.02	0.02	0.03
			排名	1	2	3	3	5	16	5	11	11	5

附表Ⅱ-7 主要十国林业学科领域各热点前沿表现力指数及分指标得分与排名

研究热点或前沿名称	指标体系	指标名称	项目	美国	英国	澳大利亚	德国	中国	意大利	法国	西班牙	荷兰	日本
1. 研究前沿：干扰对森林生态系统的影响	一级指标	国家表现力	得分	0.90	0.51	0.02	1.32	0.05	1.03	0.21	0.47	0.59	0.04
			排名	8	11	24	3	21	6	14	12	10	22
	二级指标	国家贡献度	得分	0.35	0.12	0.01	0.50	0.02	0.39	0.11	0.12	0.10	0.01
			排名	6	11	22	4	20	5	13	11	14	22
	三级指标	国家基础贡献度	得分	0.27	0.09	0.00	0.45	0.00	0.36	0.09	0.09	0.09	0.00
			排名	6	11	20	4	20	5	11	11	11	20
		国家潜在贡献度	得分	0.08	0.03	0.01	0.05	0.02	0.03	0.02	0.02	0.01	0.01
			排名	1	4	13	2	7	4	7	7	13	13
	二级指标	国家影响度	得分	0.38	0.37	0.01	0.69	0.01	0.54	0.10	0.33	0.49	0.02
			排名	10	11	23	3	23	6	15	12	8	20
	三级指标	国家基础影响度	得分	0.19	0.27	0.00	0.56	0.00	0.46	0.07	0.27	0.49	0.00
			排名	12	10	20	3	20	7	15	10	6	20
		国家潜在影响度	得分	0.19	0.10	0.01	0.13	0.01	0.08	0.03	0.06	0.00	0.02
			排名	1	4	18	3	18	6	13	9	24	15
	二级指标	国家引领度	得分	0.17	0.01	0.01	0.13	0.02	0.10	0.01	0.02	0.00	0.01
			排名	3	12	12	4	8	5	12	8	19	12
	三级指标	国家基础引领度	得分	0.09	0.00	0.00	0.09	0.00	0.09	0.00	0.00	0.00	0.00
			排名	3	8	8	3	8	3	8	8	8	8
		国家潜在引领度	得分	0.08	0.01	0.01	0.04	0.02	0.01	0.01	0.02	0.00	0.01
			排名	1	9	9	2	4	9	9	4	19	9

（续表）

研究热点或前沿名称	指标体系	指标名称	项目	美国	英国	澳大利亚	德国	中国	意大利	法国	西班牙	荷兰	日本
2. 研究热点：森林植物多样性的驱动和作用机制	一级指标	国家表现力	得分	4.20	1.84	1.05	0.73	2.38	0.16	0.12	0.08	0.68	0.68
			排名	1	4	8	18	2	36	40	45	19	19
	二级指标	国家贡献度	得分	1.45	0.61	0.39	0.27	0.98	0.02	0.05	0.04	0.21	0.20
			排名	1	4	8	18	2	38	36	37	19	20
	三级指标	国家基础贡献度	得分	1.00	0.50	0.33	0.17	0.83	0.00	0.00	0.00	0.17	0.17
			排名	1	4	8	18	2	36	36	36	18	18
		国家潜在贡献度	得分	0.45	0.11	0.06	0.11	0.15	0.02	0.05	0.04	0.04	0.04
			排名	1	4	6	4	2	18	9	11	11	11
	二级指标	国家影响度	得分	1.89	1.02	0.62	0.37	1.10	0.13	0.05	0.02	0.45	0.44
			排名	1	4	5	21	2	33	44	45	14	16
	三级指标	国家基础影响度	得分	1.22	0.79	0.41	0.12	0.84	0.00	0.00	0.00	0.29	0.29
			排名	1	4	10	27	2	33	33	33	18	18
		国家潜在影响度	得分	0.66	0.24	0.21	0.25	0.26	0.13	0.05	0.02	0.16	0.16
			排名	1	4	5	3	2	11	28	33	7	7
	二级指标	国家引领度	得分	0.87	0.20	0.04	0.08	0.30	0.01	0.03	0.02	0.02	0.03
			排名	1	4	8	7	2	17	9	14	14	9
	三级指标	国家基础引领度	得分	0.50	0.17	0.00	0.00	0.17	0.00	0.00	0.00	0.00	0.00
			排名	1	2	7	7	2	7	7	7	7	7
		国家潜在引领度	得分	0.37	0.04	0.04	0.08	0.13	0.01	0.03	0.02	0.02	0.03
			排名	1	5	5	3	2	15	7	12	12	7
3. 研究热点：混交林多样性稳定性与产量的相互关系	一级指标	国家表现力	得分	0.46	0.21	0.14	0.65	0.23	0.18	0.36	0.32	0.06	0.03
			排名	2	7	13	1	6	9	3	4	15	19
	二级指标	国家贡献度	得分	0.20	0.09	0.08	0.25	0.07	0.08	0.17	0.11	0.02	0.01
			排名	2	6	7	1	11	7	3	4	15	19
	三级指标	国家基础贡献度	得分	0.11	0.05	0.05	0.11	0.00	0.05	0.11	0.05	0.00	0.00
			排名	1	4	4	1	13	4	1	4	13	13
		国家潜在贡献度	得分	0.09	0.04	0.02	0.14	0.07	0.03	0.07	0.06	0.02	0.01
			排名	2	8	12	1	3	9	3	6	12	19
	二级指标	国家影响度	得分	0.13	0.09	0.04	0.22	0.06	0.07	0.12	0.07	0.03	0.02
			排名	2	5	12	1	8	6	3	5	15	17
	三级指标	国家基础影响度	得分	0.03	0.02	0.02	0.03	0.00	0.02	0.03	0.02	0.00	0.00
			排名	1	4	4	1	13	4	1	4	13	13
		国家潜在影响度	得分	0.09	0.07	0.03	0.18	0.06	0.04	0.09	0.07	0.03	0.02
			排名	3	5	11	1	7	9	3	5	11	16
	二级指标	国家引领度	得分	0.14	0.03	0.02	0.19	0.09	0.03	0.07	0.12	0.01	0.01
			排名	2	8	11	1	4	8	5	3	16	16
	三级指标	国家基础引领度	得分	0.05	0.00	0.00	0.00	0.00	0.00	0.00	0.05	0.00	0.00
			排名	1	3	3	3	3	3	3	1	3	3
		国家潜在引领度	得分	0.09	0.03	0.02	0.19	0.09	0.03	0.07	0.07	0.01	0.01
			排名	2	8	11	1	2	8	4	4	16	16

（续表）

研究热点或前沿名称	指标体系	指标名称	项目	美国	英国	澳大利亚	德国	中国	意大利	法国	西班牙	荷兰	日本
4. 研究前沿：气候变化和海平面上升对红树林分布区及种群结构的影响	一级指标	国家表现力	得分	5.23	0.68	2.83	0.10	0.78	0.03	0.17	0.11	0.08	0.04
			排名	1	5	2	15	4	24	12	14	17	23
	二级指标	国家贡献度	得分	1.29	0.15	0.64	0.03	0.18	0.01	0.02	0.01	0.02	0.01
			排名	1	5	2	10	4	17	14	17	14	17
	三级指标	国家基础贡献度	得分	1.00	0.10	0.50	0.00	0.10	0.00	0.00	0.00	0.00	0.00
			排名	1	4	2	10	4	10	10	10	10	10
		国家潜在贡献度	得分	0.29	0.05	0.14	0.03	0.08	0.01	0.02	0.01	0.02	0.01
			排名	1	4	2	5	3	16	11	16	11	16
	二级指标	国家影响度	得分	2.67	0.50	1.67	0.05	0.48	0.01	0.13	0.09	0.04	0.01
			排名	1	4	2	18	5	22	11	14	19	22
	三级指标	国家基础影响度	得分	2.04	0.33	1.24	0.00	0.33	0.00	0.00	0.00	0.00	0.00
			排名	1	5	2	10	5	10	10	10	10	10
		国家潜在影响度	得分	0.63	0.17	0.42	0.05	0.15	0.01	0.13	0.09	0.04	0.01
			排名	1	3	2	17	4	22	6	9	19	22
	二级指标	国家引领度	得分	1.27	0.03	0.52	0.02	0.12	0.01	0.02	0.01	0.02	0.02
			排名	1	5	2	9	3	16	9	16	9	9
	三级指标	国家基础引领度	得分	0.80	0.00	0.30	0.00	0.00	0.00	0.00	0.00	0.00	0.00
			排名	1	3	2	3	3	3	3	3	3	3
		国家潜在引领度	得分	0.47	0.03	0.22	0.02	0.12	0.01	0.02	0.01	0.02	0.02
			排名	1	5	2	9	3	16	9	16	9	9
5. 研究热点：全球气候及环境变化对森林生态系统的影响	一级指标	国家表现力	得分	3.21	1.71	1.34	0.28	0.42	0.31	0.75	0.52	0.54	0.04
			排名	1	2	4	19	11	18	6	9	8	24
	二级指标	国家贡献度	得分	1.00	0.55	0.52	0.13	0.13	0.09	0.32	0.19	0.23	0.01
			排名	1	3	4	17	17	19	6	10	7	25
	三级指标	国家基础贡献度	得分	0.73	0.47	0.47	0.07	0.07	0.07	0.27	0.13	0.20	0.00
			排名	1	2	2	17	17	17	6	10	7	21
		国家潜在贡献度	得分	0.27	0.08	0.06	0.06	0.06	0.02	0.06	0.06	0.03	0.01
			排名	1	3	4	4	4	12	4	4	11	16
	二级指标	国家影响度	得分	1.46	0.77	0.78	0.11	0.22	0.21	0.40	0.21	0.30	0.02
			排名	1	3	2	19	11	12	6	12	8	24
	三级指标	国家基础影响度	得分	1.15	0.63	0.67	0.03	0.16	0.16	0.32	0.15	0.25	0.00
			排名	1	4	2	20	16	16	6	18	9	21
		国家潜在影响度	得分	0.32	0.14	0.11	0.08	0.06	0.05	0.09	0.06	0.05	0.02
			排名	1	2	3	6	7	10	5	7	10	18
	二级指标	国家引领度	得分	0.74	0.39	0.04	0.04	0.07	0.01	0.03	0.11	0.01	0.01
			排名	1	2	7	7	5	12	10	4	12	12
	三级指标	国家基础引领度	得分	0.47	0.33	0.00	0.00	0.00	0.00	0.00	0.07	0.00	0.00
			排名	1	2	6	6	6	6	6	4	6	6
		国家潜在引领度	得分	0.27	0.06	0.04	0.04	0.07	0.01	0.03	0.05	0.01	0.01
			排名	1	4	6	6	3	11	9	5	11	11

（续表）

研究热点或前沿名称	指标体系	指标名称	项目	美国	英国	澳大利亚	德国	中国	意大利	法国	西班牙	荷兰	日本
6. 研究热点：CO_2浓度升高对森林水分利用效率的影响	一级指标	国家表现力	得分	3.13	0.74	0.31	2.35	0.51	1.26	0.95	0.96	0.43	0.09
			排名	1	7	16	3	9	4	6	5	11	18
	二级指标	国家贡献度	得分	1.00	0.27	0.09	0.80	0.17	0.55	0.43	0.41	0.20	0.03
			排名	1	7	16	3	13	4	5	6	9	18
	三级指标	国家基础贡献度	得分	0.67	0.17	0.00	0.67	0.00	0.50	0.33	0.33	0.17	0.00
			排名	2	7	15	2	15	4	5	5	7	15
		国家潜在贡献度	得分	0.33	0.11	0.09	0.14	0.17	0.05	0.09	0.08	0.03	0.03
			排名	1	5	6	3	2	10	6	8	12	12
	二级指标	国家影响度	得分	1.70	0.40	0.16	1.30	0.17	0.50	0.48	0.49	0.21	0.04
			排名	1	7	16	2	15	4	6	5	12	18
	三级指标	国家基础影响度	得分	1.10	0.19	0.00	1.05	0.00	0.45	0.34	0.39	0.10	0.00
			排名	1	7	15	2	15	4	6	5	14	15
		国家潜在影响度	得分	0.60	0.21	0.16	0.25	0.17	0.05	0.14	0.10	0.11	0.04
			排名	1	4	6	2	5	13	7	9	8	14
	二级指标	国家引领度	得分	0.43	0.06	0.05	0.25	0.17	0.21	0.04	0.06	0.01	0.02
			排名	2	6	8	3	5	4	9	6	13	11
	三级指标	国家基础引领度	得分	0.17	0.00	0.00	0.17	0.00	0.17	0.00	0.00	0.00	0.00
			排名	2	5	5	2	5	2	5	5	5	5
		国家潜在引领度	得分	0.27	0.06	0.05	0.09	0.17	0.05	0.00	0.06	0.01	0.02
			排名	1	5	7	3	2	7	9	5	13	11

附表Ⅱ-8　主要十国水产渔业学科领域各热点前沿表现力指数及分指标得分与排名

研究热点前沿名称	指标体系	指标名称	项目	美国	英国	法国	澳大利亚	中国	日本	德国	意大利	西班牙	荷兰
1. 研究前沿：肠道微生物群落结构对水生生物免疫系统的影响	一级指标	国家表现力	得分	0.23	0.61	0.24	0.17	1.16	0.45	0.06	1.61	0.53	0.03
			排名	13	5	12	19	3	8	32	1	6	35
	二级指标	国家贡献度	得分	0.05	0.12	0.04	0.04	0.29	0.09	0.01	0.45	0.13	0.00
			排名	14	7	15	15	2	9	33	1	5	39
	三级指标	国家基础贡献度	得分	0.00	0.10	0.03	0.03	0.18	0.08	0.00	0.41	0.10	0.00
			排名	29	5	14	14	3	9	29	1	5	29
		国家潜在贡献度	得分	0.05	0.02	0.02	0.02	0.11	0.02	0.01	0.04	0.03	0.00
			排名	3	10	10	10	1	10	16	4	6	28
	二级指标	国家影响度	得分	0.13	0.44	0.18	0.09	0.56	0.26	0.03	0.80	0.30	0.02
			排名	15	5	9	22	3	8	31	1	7	33
	三级指标	国家基础影响度	得分	0.00	0.34	0.16	0.07	0.37	0.19	0.00	0.66	0.20	0.00
			排名	29	5	9	20	4	9	29	1	7	29
		国家潜在影响度	得分	0.13	0.10	0.01	0.01	0.18	0.07	0.03	0.14	0.10	0.02
			排名	4	5	27	27	1	9	15	3	5	20
	二级指标	国家引领度	得分	0.05	0.05	0.02	0.04	0.32	0.10	0.02	0.36	0.09	0.01
			排名	8	8	22	13	2	4	22	1	6	25
	三级指标	国家基础引领度	得分	0.00	0.03	0.00	0.03	0.10	0.08	0.00	0.31	0.05	0.00
			排名	17	7	17	7	3	4	17	1	6	17
		国家潜在引领度	得分	0.05	0.02	0.02	0.02	0.22	0.02	0.02	0.05	0.04	0.01
			排名	4	12	12	12	1	12	12	4	7	19

（续表）

研究热点前沿名称	指标体系	指标名称	项目	美国	英国	法国	澳大利亚	中国	日本	德国	意大利	西班牙	荷兰
2. 研究热点：水生生态系统的演化及保护	一级指标	国家表现力	得分	2.99	1.02	0.15	0.17	0.16	0.02	0.50	0.02	0.07	0.05
			排名	2	3	10	8	9	26	4	26	14	18
	二级指标	国家贡献度	得分	0.82	0.33	0.05	0.06	0.06	0.01	0.15	0.01	0.03	0.02
			排名	2	3	10	8	8	18	5	18	12	13
	三级指标	国家基础贡献度	得分	0.56	0.22	0.00	0.00	0.00	0.00	0.11	0.00	0.00	0.00
			排名	2	3	8	8	8	8	4	8	8	8
		国家潜在贡献度	得分	0.27	0.11	0.05	0.06	0.06	0.01	0.04	0.01	0.03	0.02
			排名	2	3	6	4	4	17	8	17	10	11
	二级指标	国家影响度	得分	1.54	0.62	0.06	0.09	0.04	0.01	0.33	0.01	0.03	0.02
			排名	2	3	11	8	12	24	4	24	16	19
	三级指标	国家基础影响度	得分	0.96	0.33	0.00	0.00	0.00	0.00	0.18	0.00	0.00	0.00
			排名	2	3	8	8	8	8	4	8	8	8
		国家潜在影响度	得分	0.57	0.29	0.06	0.09	0.04	0.01	0.16	0.01	0.03	0.02
			排名	2	3	9	6	11	24	4	24	15	19
	二级指标	国家引领度	得分	0.63	0.07	0.04	0.03	0.06		0.01	0.00	0.01	0.01
			排名	2	4	6	7	5	23	8	23	9	9
	三级指标	国家基础引领度	得分	0.44	0.00	0.00	0.00	0.00	0.00	0.00	0.00	0.00	0.00
			排名	2	4	4	4	4	4	4	4	4	4
		国家潜在引领度	得分	0.18	0.07	0.04	0.03	0.06	0.00	0.01	0.00	0.01	0.01
			排名	2	3	5	7	4	23	8	23	8	8
3. 研究热点：水产养殖对水域生态环境的风险评估	一级指标	国家表现力	得分	0.25	1.27	0.05	0.18	0.02	0.30	0.05	0.02	0.04	0.04
			排名	8	2	12	11	16	6	12	16	14	14
	二级指标	国家贡献度	得分	0.07	0.49	0.02	0.06	0.01	0.14	0.01	0.01	0.02	0.01
			排名	9	2	12	10	14	8	14	14	12	14
	三级指标	国家基础贡献度	得分	0.00	0.38	0.00	0.00	0.00	0.13	0.00	0.00	0.00	0.00
			排名	9	2	9	9	9	5	9	9	9	9
		国家潜在贡献度	得分	0.07	0.11	0.02	0.06	0.01	0.01	0.01	0.01	0.02	0.01
			排名	4	3	10	5	13	13	13	13	10	13
	二级指标	国家影响度	得分	0.12	0.56	0.01	0.07	0.00	0.15	0.03	0.01	0.02	0.03
			排名	7	4	15	10	25	6	12	15	14	12
	三级指标	国家基础影响度	得分	0.00	0.40	0.00	0.00	0.00	0.12	0.00	0.00	0.00	0.00
			排名	9	4	9	9	9	5	9	9	9	9
		国家潜在影响度	得分	0.12	0.16	0.01	0.07	0.00	0.03	0.03	0.01	0.02	0.03
			排名	3	2	14	6	25	9	9	14	13	9
	二级指标	国家引领度	得分	0.06	0.23	0.02	0.06	0.00	0.01	0.01	0.01	0.01	0.00
			排名	5	2	9	5	17	11	11	11	11	17
	三级指标	国家基础引领度	得分	0.00	0.13	0.00	0.00	0.00	0.00	0.00	0.00	0.00	0.00
			排名	3	2	3	3	3	3	3	3	3	3
		国家潜在引领度	得分	0.06	0.10	0.02	0.06	0.00	0.01	0.01	0.01	0.01	0.00
			排名	5	3	9	5	17	11	11	11	11	17

（续表）

研究热点前沿名称	指标体系	指标名称	项目	美国	英国	法国	澳大利亚	中国	日本	德国	意大利	西班牙	荷兰
4. 研究热点：基于生态系统水平的渔业管理	一级指标	国家表现力	得分	4.04	0.71	0.30	1.54	0.08	0.06	0.34	0.17	0.23	0.27
			排名	1	4	9	2	19	21	8	12	11	10
	二级指标	国家贡献度	得分	1.16	0.28	0.15	0.53	0.02	0.02	0.15	0.08	0.10	0.17
			排名	1	4	7	2	19	19	7	12	11	6
	三级指标	国家基础贡献度	得分	0.80	0.20	0.10	0.40	0.00	0.00	0.10	0.05	0.05	0.15
			排名	1	4	7	2	19	19	7	11	11	5
		国家潜在贡献度	得分	0.36	0.08	0.05	0.13	0.02	0.02	0.05	0.03	0.05	0.02
			排名	1	4	5	2	11	11	5	10	5	11
	二级指标	国家影响度	得分	1.87	0.38	0.12	0.79	0.03	0.02	0.11	0.07	0.10	0.10
			排名	1	4	8	2	18	21	9	15	11	11
	三级指标	国家基础影响度	得分	1.23	0.19	0.03	0.51	0.00	0.00	0.03	0.02	0.01	0.05
			排名	1	4	11	2	19	19	11	13	15	9
		国家潜在影响度	得分	0.65	0.19	0.09	0.28	0.03	0.02	0.07	0.05	0.09	0.05
			排名	1	4	7	2	14	17	11	12	7	12
	二级指标	国家引领度	得分	1.01	0.05	0.03	0.22	0.03	0.02	0.08	0.03	0.03	0.00
			排名	1	7	8	3	8	11	4	11	8	21
	三级指标	国家基础引领度	得分	0.60	0.00	0.00	0.10	0.00	0.00	0.05	0.00	0.00	0.00
			排名	1	7	7	3	7	7	4	7	7	7
		国家潜在引领度	得分	0.41	0.05	0.03	0.12	0.03	0.02	0.03	0.02	0.03	0.00
			排名	1	4	5	2	5	11	5	11	5	21
5. 研究前沿：基于基因组学的鱼类适应性进化解析	一级指标	国家表现力	得分	3.18	1.95	1.38	0.41	0.74	1.29	1.31	0.47	0.63	0.25
			排名	1	2	4	15	9	6	5	13	10	18
	二级指标	国家贡献度	得分	0.92	0.60	0.41	0.12	0.25	0.40	0.39	0.19	0.21	0.10
			排名	1	2	4	15	9	5	6	11	10	16
	三级指标	国家基础贡献度	得分	0.67	0.50	0.33	0.08	0.17	0.33	0.33	0.17	0.17	0.08
			排名	1	2	4	14	9	4	4	9	9	14
		国家潜在贡献度	得分	0.25	0.10	0.08	0.03	0.09	0.06	0.06	0.02	0.04	0.02
			排名	1	2	4	10	3	6	6	12	9	12
	二级指标	国家影响度	得分	1.69	1.08	0.74	0.27	0.40	0.84	0.87	0.26	0.39	0.05
			排名	1	2	6	12	9	5	4	13	10	22
	三级指标	国家基础影响度	得分	1.22	0.90	0.62	0.21	0.28	0.73	0.73	0.23	0.32	0.01
			排名	1	2	6	13	11	4	4	12	10	21
		国家潜在影响度	得分	0.47	0.18	0.12	0.06	0.12	0.11	0.14	0.03	0.07	0.04
			排名	1	2	5	12	5	7	4	17	10	15
	二级指标	国家引领度	得分	0.58	0.26	0.23	0.03	0.09	0.06	0.05	0.02	0.03	0.10
			排名	1	2	3	12	7	9	10	14	12	5
	三级指标	国家基础引领度	得分	0.33	0.17	0.17	0.00	0.00	0.00	0.00	0.00	0.00	0.08
			排名	1	2	2	7	7	7	7	7	7	4
		国家潜在引领度	得分	0.24	0.10	0.06	0.03	0.09	0.06	0.05	0.02	0.03	0.02
			排名	1	2	5	9	3	5	7	11	9	11

研究热点前沿名称	指标体系	指标名称	项目	美国	英国	法国	澳大利亚	中国	日本	德国	意大利	西班牙	荷兰
6. 研究热点：基于环境DNA技术的生物多样性监测与保护	一级指标	国家表现力	得分	3.55	1.45	1.36	0.82	0.65	0.62	0.31	0.08	0.29	0.29
			排名	1	2	3	5	6	7	10	15	11	11
	二级指标	国家贡献度	得分	0.63	0.27	0.26	0.14	0.09	0.13	0.05	0.02	0.04	0.05
			排名	1	2	3	5	9	6	10	14	12	10
	三级指标	国家基础贡献度	得分	0.52	0.22	0.22	0.11	0.07	0.11	0.02	0.00	0.02	0.04
			排名	1	2	2	5	9	5	11	15	11	10
		国家潜在贡献度	得分	0.10	0.05	0.04	0.03	0.03	0.02	0.03	0.02	0.02	0.01
			排名	1	2	3	4	4	8	4	8	8	11
	二级指标	国家影响度	得分	2.22	1.02	0.93	0.56	0.47	0.35	0.17	0.04	0.20	0.23
			排名	1	2	3	5	6	8	12	15	11	10
	三级指标	国家基础影响度	得分	1.81	0.77	0.77	0.41	0.39	0.28	0.08	0.00	0.12	0.19
			排名	1	2	2	5	6	8	13	15	11	10
		国家潜在影响度	得分	0.40	0.25	0.16	0.15	0.08	0.07	0.09	0.04	0.08	0.04
			排名	1	2	3	4	8	10	7	13	8	13
	二级指标	国家引领度	得分	0.71	0.17	0.17	0.11	0.08	0.14	0.09	0.03	0.05	0.02
			排名	1	2	2	6	9	4	7	12	11	14
	三级指标	国家基础引领度	得分	0.46	0.09	0.11	0.04	0.02	0.09	0.02	0.00	0.00	0.00
			排名	1	4	2	7	8	4	8	11	11	11
		国家潜在引领度	得分	0.25	0.08	0.06	0.07	0.06	0.05	0.07	0.03	0.05	0.02
			排名	1	2	5	3	5	7	3	10	7	13

附录 Ⅲ 62 个前沿的国家表现力指数全球排名前三的国家及其指数得分

附表Ⅲ 62 个前沿的国家表现力指数全球排名前三的国家及其指数得分

学科领域	前沿名称	第一名		第二名		第三名	
		国家	得分	国家	得分	国家	得分
作物	小麦基因组测序与进化分析	英国	2.96	美国	2.15	德国	1.48
	作物代谢组学分析研究	中国	3.43	意大利	0.97	土耳其	0.85
	植物生物刺激素与作物耐受逆境胁迫的关系研究	意大利	2.06	美国	1.26	加拿大	0.83
	茉莉酸在植物防御中的作用研究	美国	2.47	中国	1.39	德国	0.53
	适应全球气候变化的作物产量模型	美国	3.74	德国	3.00	英国	2.83
	基因组编辑技术及其在农作物中的应用	美国	3.60	中国	3.06	德国	0.64
	大规模重测序数据库在水稻中的应用研究	中国	2.21	美国	1.96	日本	1.89
	脱氧核糖核酸甲基化在农业中的应用	美国	4.13	中国	1.77	德国	0.75
植物保护	次生代谢物调控的植物获得性系统抗性机制	德国	2.86	加拿大	1.31	中国	1.14
	丝状病原菌效应蛋白调控的植物抗病性机制	德国	1.44	英国/澳大利亚	1.28	法国	1.02
	昆虫嗅觉识别生化与分子机制	美国	1.69	中国	1.49	德国	0.59
	二斑叶螨抑制植物抗性机制	荷兰	2.67	比利时	2.40	加拿大	1.32
	斑翅果蝇种群动态及生物防治因子挖掘	美国	5.26	意大利	2.30	法国	1.41
	杂草对草甘膦抗性的分子机制	美国	1.96	澳大利亚	1.38	法国	0.58
	新烟碱类农药对非靶标生物的影响	英国	2.50	美国	1.78	加拿大	1.49
	受体蛋白在植物抗病性中的作用机制	荷兰	3.49	英国	2.25	德国	1.84

（续表）

学科领域	前沿名称	第一名		第二名		第三名	
		国家	得分	国家	得分	国家	得分
畜牧兽医	猪圆环病毒3型的流行病学研究	中国	3.62	美国	1.81	意大利	0.89
	H7N9亚型高致病性禽流感病毒流行病学、进化及致病机理	中国	4.67	美国	3.07	英国	0.79
	肉牛剩余采食量遗传评估及营养调控	澳大利亚	3.22	美国	1.07	加拿大	0.70
	非洲猪瘟的流行与传播研究	西班牙	1.86	英国	1.05	中国	0.86
	高品质鸡肉生产技术	意大利	3.24	芬兰	1.62	美国	0.88
	抗菌肽的作用机理及其在动物临床中的应用研究	加拿大	1.79	瑞典	1.00	美国	0.93
	奶牛营养平衡技术	美国	4.81	巴西	0.73	爱尔兰	0.56
	抗生素在动物中的应用及其耐药性	美国	2.71	印度	1.57	比利时	1.34
	猪流行性腹泻病毒流行病学、遗传进化及致病机理	美国	3.17	中国	0.90	英国	0.52
	畜禽蛋白质氨基酸营养功能研究	美国	3.63	中国	3.30	加拿大	0.12
	土壤侵蚀过程监测及相关阻控技术研究	西班牙	3.77	荷兰	2.57	意大利	2.55
	基于功能材料与生物的河湖湿地污染修复	中国	5.40	美国/印度	0.15	伊朗	0.10
	土壤改良剂在作物耐逆中的应用	中国	3.00	巴基斯坦	2.95	韩国	1.14
农业资源与环境	磷肥可持续利用与水体富营养化	美国	3.27	中国	0.94	英国	0.86
	菌根真菌驱动的碳循环与土壤肥力	美国	2.79	瑞典	2.40	法国	1.21
	土壤真菌群落结构及其功能	美国	3.65	爱沙尼亚	2.38	瑞典	2.13
	畜禽粪便与废弃物处理再利用	中国	2.22	美国	1.05	马来西亚	0.59
	生物炭对农田温室气体排放的影响研究	美国	1.94	中国	1.89	西班牙	1.46
农产品质量与加工	3D食品打印技术研究	中国	2.57	澳大利亚	2.52	美国	1.07
	智能食品包装技术及其对食品质量安全的提升作用研究	西班牙	1.03	美国	0.83	中国	0.82
	果蔬采后生物技术研究	意大利	3.22	以色列	2.49	中国	1.99
	益生菌在食品中的应用及其安全评价	巴西	2.16	美国/英国	0.72	荷兰	0.67
	浆果中主要生物活性物质功能研究	意大利	4.18	西班牙	2.56	墨西哥	1.66
	纳米乳液制备、递送及应用	美国	4.26	中国	1.82	沙特阿拉伯	1.57

（续表）

学科领域	前沿名称	第一名		第二名		第三名	
		国家	得分	国家	得分	国家	得分
农业信息与农业工程	农业废弃物微波热解技术	马来西亚	3.61	英国	1.95	中国	1.07
	膜生物反应器在污水处理中的应用	中国	3.33	加拿大	0.93	英国	0.66
	基于深度学习的旋转机械故障诊断技术	中国	4.66	美国	0.56	厄瓜多尔	0.41
	生物柴油在燃油发动机中的应用	印度	1.71	希腊	1.03	美国	1.02
	基于激光与雷达的森林生物量评估技术	芬兰	2.71	英国	2.66	荷兰	1.43
	微纳传感技术及其在农业水土和食品危害物检测中的应用	中国	4.08	美国	0.65	印度	0.54
	基于无人机遥感的植物表型分析技术	美国	1.97	德国	1.09	中国	0.90
	绿色供应链的智能决策支持技术	中国	1.77	丹麦	1.47	伊朗	1.35
	基于多元光谱成像的食品质量无损检测技术	爱尔兰	4.77	中国	3.73	孟加拉国	0.26
	木质素解聚增值技术	美国	3.11	中国	1.45	荷兰	1.08
林业	干扰对森林生态系统的影响	奥地利	2.63	捷克	1.38	德国	1.32
	森林植物多样性的驱动和作用机制	美国	4.20	中国	2.38	巴拿马	2.26
	混交林多样性稳定性与产量的相互关系	德国	0.65	美国	0.46	法国	0.36
	气候变化和海平面上升对红树林分布区及种群结构的影响	美国	5.23	澳大利亚	2.83	越南	0.96
	全球气候及环境变化对森林生态系统的影响	美国	3.21	英国	1.71	巴西	1.52
	CO_2 浓度升高对森林水分利用效率的影响	美国	3.13	瑞士	2.53	德国	2.35
水产渔业	肠道微生物群落结构对水生生物免疫功能的影响	意大利	1.61	伊朗	1.17	中国	1.16
	水生生态系统的演化及保护	巴西	4.65	美国	2.99	英国	1.02
	水产养殖对水域生态环境的风险评估	挪威	4.83	英国	1.27	加拿大	1.09
	基于生态系统水平的渔业管理	美国	4.04	澳大利亚	1.54	加拿大	1.21
	基于基因组学的鱼类适应性进化解析	美国	3.18	英国	1.95	加拿大	1.61
	基于环境 DNA 技术的生物多样性监测与保护	美国	3.55	英国	1.45	法国	1.36

附录IV 研究前沿综述——寻找科学的结构

作者：David Pendlebury

Eugene Garfield 1955 年第一次提出科学引文索引概念之际，即强调了引文索引区别于传统学科分类索引的几点优势[1]。因为引文索引会对每一篇文章的参考文献做索引，检索者就可以从一些已知的论文出发，去跟踪新近出版的引用了这些已知论文的论文。此外，无论是顺序或回溯引用论文，引文索引都是高产与高效的。

因为引文索引是基于研究人员自身的见多识广的判断，并反映在他们文章的参考文献中，而图书情报索引专家对出版物的内容并不如作者熟悉，只靠分类来做索引。Garfield 将这些作者称作"引文索引部队"，同时他认为这种索引是一张"创意联盟索引"。他认为引文是各种思想、概念、主题、方法的标志："引文索引可以精确地、毫不模糊地呈现主题，不需要过多的解释，并对术语的变化具备免疫力。"[2]除此之外，引文索引具有跨学科属性，打破了来源文献覆盖范围的局限性。引文所呈现出的联系不局限于一个或几个领域——这种联系遍布整个研究世界。对科学而言，自从学科交叉被公认为研究发现的沃土，引文索引便呈现出独特的优势。诺贝尔奖得主 Joshua Lederberg 是 Garfield 这一思想较早的支持者，他在自己的遗传学研究领域与生物化学、统计学、农业、医学的交叉互动中受益匪浅。Science Citation Index（现在的 Web of Science）创建于 1964年，今年已有 53 个年头[3]。虽然 Science Citation Index 经过很多年才被图书情报人员以及学术圈完全认可，但是引文索引理念的影响力，以及它在操作过程中产生的实质作用是无法被否认的。

虽然 Science Citation Index 的主要用途是信息检索，但是从其诞生之初，Garfield 就很清楚他的数据可以被利用来分析科学研究本身。首先，他意识到论文的被引频次可以界定"影响力"显著的论文，而这些高被引论文的聚类分析结果可以指向具体的领域。不仅如此，他还深刻理解到大量的论文之间的引用与被引用揭示了科学的结构，虽然它极其复杂。他发表于 1963 年的一篇论文《Citation Indexes for Sociological and Historical Research》，论述了利用引文分析客观探寻研究前沿的方法[4]。这篇文章背后的逻辑与利用引文索引进行信息检索的逻辑如出一辙：引文不仅仅体现了智力活动之间的相互连接，还体现了研究者社会属性的相互联系，它是研究人员做出的智力判断，反映了学术领域学者行为的高度自治与自律。Garfield 在 1964 年与同事 Irving H. Sher 及 Richard J. Torpie 第一次将引文关系佐证下指向的具备影响力的相关理论按时期进行线性描述，制作出 DNA 的发现过程及其结构研究的一幅科学历史脉络图[5]。Garfield 清楚地看到引文数据是呈现科学结构的最好素材。到目前为止，除了利用引文数据绘制了特定研究领域的历史图谱外，尚未出现一幅展示更为宏大的科学结构的图谱。

在这个领域 Garfield 并不孤独。同期，物理学、科学史学家 Derek J. de Solla Price 也在试图探寻科学研究的本质与结构。作为耶鲁大学的教授，他首先使用科学计量方法对科学研究活动进行了测量，并且分别于 1961 年与 1963 年出版了两本颇具影响的书，证明了为什么 17 世纪以来无论是研究人员数量还是学术出版数量都呈现指数增长态势[6,7]。但是在他的工作中鲜有对科学研究活动本身的统计分析，因为在他不知疲倦的探究之路上，获取、质询、解读研究活动的想法还没有提上日程。Price 与 Garfield 正是在此时相识了。Price，这位裁缝的儿子，收到了来自 Garfield 的数据，他这样描述当时的情景："我从 ISI 计算机房的剪裁板上取得了这些数据。"[8]

1965 年，Price 发表了《科学研究论文网络》一文，文中利用了大量的引文分析数据描述他所定义的"科学研究前沿"的本质[9]。之前，他使用"研究前沿"这个词语时采用的是其字面意思，即某些卓越科学家在最前沿所进行的领先研究。但是在这篇论文中，他以 N-射线研究为例（该研究领域的生命周期很短），基于按时间顺序排列的论文及其互引模式构成的网络，从出版物的密度以及不同时期活跃度的角度对研究前沿进行了描述。Price 观察到研究前沿是建立在新近发表的"高密度"论文上，这些论文之间呈现出联系紧密的网状关系图。

"研究前沿从来都不是像编织那样一行一行编出来的。相反，它常常被漏针编织成小块儿或者小条儿。这些'条'被客观描述成'主题'，对'主题'的描述虽然随着时间推移会发生巨大变化，但是作为智力活动的内在含义保持了相对稳定性。如果有人想探寻这种'条'的本质，也许就会指向一种勾勒当前科学论文'地形图'的方法。这种'地形图'形成过程中，人们可以通过期刊在地图中的位置以及在'条'中的战略中心地位来识别期刊（实际上是国家、个人或单篇论文）的共同及各自相对的重要性。"[9]

时间到了 1972 年，年轻的科学史学者 Henry Small 离开位于纽约的美国物理学会，加入费城的美国科技信息所，他加入的最初动机是希望可以利用 Science Citation Index 的数据以及题名和关键词的价值。但是很快他就调整了方向，把注意力从"文字"转向了"文章间相互引用行为"，这种转变背后的动机与 Garfield 和 Price 不谋而合：引文的力量及其发展潜力。在 Garfield 1955 年介绍引文思想论文的基础上，1973 年，Small 开拓出了自己全新的方向，发表了论文《Co-citation in the scientific literature：a new measure of relationship between two documents》，这篇论文介绍了一种新的研究方法——"共被引分析"，将描述科学学科结构的研究带入了一个新的时期[10]。Small 利用两篇论文共同被引用的次数来描述这两篇论文的相似程度，换句话说就是统计"共被引频率"来确认相似度。

Small 利用当时新发表的粒子物理领域的论文分析来阐述自己的方法。Small 发现，这些通过"共被引"联系在一起的论文常常在研究主题上有高度的相似度，是相互关联的思想集合。他认为基于论文被引用频率的分析，可以用来寻找领域中关键的概念、方法和实验，是进行"共被引分析"的起点。前者用客观的方式揭示了学科领域的智力、社会和社会认知结构。像 Price 做研究前沿的研究一样，Small 将最近发表的通过引用关系紧密编织在一起的论文聚成组，接着通过"共被引"分析，发现分析结果指向了自然关联在一起的"研究单元"，而不是传统定义的"学科"或较大的领域。Small 将"共被引分析"比作一部完整的电影，而不是一张孤立的图片，以表达他对该方法潜力的极大信任。他认为，通过重要论文间的相互引用模式分析，可以呈现某个研究领域的结构图，这幅结构图会随着时间的推移而发生变化，通过研究这种不断变化的结构，"共被引分析"可以帮助我们跟踪科学研究的进展，以及评估不同研究领域的相互影响程度。

还有一位值得注意的科学家是俄罗斯研究信息科学的 Irina V. Marshakova-Shaikevich。她也在 1973 年提出了"共被引分析"的思想[11]。但是 Small 与 Marshakova-Shaikevich 并不了解彼此的工作，因此他们的工作可以被看作是相互独立、不谋而合的研究。科学社会学家 Robert K. Merton 将这种现象称作"共同发现"，这在科学史上是非常常见的现象，而很多人却没有意识到这种常见现象的存在[12,13]。Small 与 Marshakova-Shaikevich 都将"共被引分析"与"文献耦合"现象进行了对比，后者是 Myer Kessler 于 1963 年阐释的思想[14]。

"文献耦合"也是用来度量两篇论文研究内容相似程度的方法，该方法基于两篇论文中出现相同 参考文献的频次来度量它们的相似程度，即如果两篇论文共同引用了同一篇参考文献，他们的研究内容就可能存在相似关系，相同的参考文献越多，相似度越大。"共被引分析"则是"文献耦合"分析的"逆"方向：不用两篇文章共同引用的参考文献频次做内容相似度研究的线索，而是将"共同被引用"的参考文献聚类，通过"共被引分析"度量这些参考文献的相似度。"文献耦合"方法所判断两篇文章之间的相似度是

"静态"的，因为当文章发表后，其文后的参考文献不会再发生变化，也就是说两篇论文之间的相似关系被固定下来了；但是"共被引"分析是一个逆过程，你永远无法预知哪些论文会被未来发表的论文"共同被引用"，它会随着研究的发展发生动态的变化。Small更倾向于使用"共被引分析"，他认为这样的逆过程能够反映科学活动、科学家认知随着时间发生的变化[15]。

接下来的一年，即 1974 年，Small 与费城的 Drexel University 的 Belver C. Griuith 共同发表了两篇该领域里程碑式的著作，阐释了利用"共被引分析"寻找"研究单元"的方法，并且利用"研究单元"间的相似度做图呈现研究工作的结构[16,17]。虽然此后该方法有过一些重大的调整，但是它的基本原理与实施方式从来没有改变过。首先遴选高被引论文合集作为"共被引分析"的种子。将这样的高被引论文合集限定在一定规模范围内，这些论文被假定可以作为其相关研究领域关键概念的代表论文，对该领域起着重要的影响作用，作为寻找这些论文的线索，"被引用历史"成为关键点，利用引用频次建立的统计分析模型可以证明这些论文的确具有学科代表性与稳定性。一旦这样的合集被筛选出来，就要对该合集做"共被引"扫描。合集中，同时被同一篇论文引用的论文被结成对，称作"共被引论文对"，当然会出现很多结不成对的"0"结果。当很多"共被引论文对"被找到时，接下来会检查这些"共被引论文对"之间是否存在"手拉手"的关系，举例来说：如果通过"共被引扫描"发现了"共被引论文对 A 和 B""共被引论文对 C 和 D""共被引论文对 B 和 C"，那么由于论文 B 和 C 的共被引出现，"共被引论文对 A 和 B"与"共被引论文对 C 和 D"就被联系到一起了。我们就认为两个"共被引论文对"出现了一次交叉或者"拉手"。因为这一次交叉，就将这两个"共被引论文对"合并聚成簇，也就是说两个"共被引论文对"间只需要一次"拉手"就能形成联系。

通过调高或调低共被引强度阈值可以得到规模大小不同的"聚类"或者"群"。阈值越低，越多的论文得以聚类，形成的"群"越大，阈值过低则会形成不间断的"论文链"。如果调高阈值，就可以形成离散的专业领域，但是如果相似度阈值设得太高，就会形成太多分裂的"孤岛"。

在构建研究前沿方法中采用的"共被引相似度"计量方法以及共被引强度阈值随着时间的推移有所不同。今天我们采用余弦相似性（Cosine similarity）方法计量"共被引相似度"，即用共被引频次除以两篇论文的引用次数的平方根。而"共被引强度"最小阈值是相似度 0.1 的余弦，不过这个值是可以逐渐调高的，一旦调高就会将大的"聚类"变小。通常如果研究前沿聚类核心论文超过最大值 50 时，我们就会这样做。反复试验表明这种做法能产生有意义的研究前沿。

现在我们做个总结，研究前沿是由一组高被引论文和引用这些论文的相关论文组成的，这些高被引论文的共被引相似度强度位于设定的阈值之上。

事实上，研究前沿聚类应该同时包含两个组成部分，一部分是通过共被引找到的核心论文，这些论文代表了该领域的奠基工作；另外一部分就是对这些核心论文进行引用的施引论文，它们中最新发表的论文反映了该领域的新进展。研究前沿的名称则是从这些核心论文或施引论文的题名总结来的。ESI 数据库中研究前沿的命名主要是基于核心论文的题名。有些前沿的命名也参考了施引论文。因为正是这些施引论文的作者通过共被引决定了重要论文的对应关系，也是这些施引论文作者赋予研究前沿以意义。研究前沿的命名并不是通过算法来进行的，仔细地、一篇一篇通过人工探寻这些核心论文和施引论文，无疑会对研究前沿工作本质的描述更加精确。

Garfield 这样评价 Small 与 Griuith 的工作："他们的工作是我们的飞行器得以起飞的最后一块理论基石"。[18]Garfield——一位实干家，他将自己的理论研究工作转化成了数据库产品，无论是信息检索还是分析领域都受益良多。这个"飞行器"以 1981 年出版的《ISI 科学地图：生物化学和分子生物学》（*ISI Atlas of Science：Biochemistry and Molecular Biology*，1978/1980）而宣告起飞[19]，可以说这本书所呈现的工作与 Small 的工作有着内在的联系。这本书分析了 102 个研究前沿，每一个前沿都包括一张图谱，包含了前沿背后的核心论文，以及多角度展示这些论文间的相互关系。每一组核心论文被详细列出，并且给出它们的被引用次数，那些重要的施引论文也会在清单中，还会基于核心论文的被引用次数给出每个前沿的相关权重。

伴随这些分析数据的还有来自各前沿专业领域的专家撰写的综述。书的最后，是这 102 个研究前沿汇总在一起的巨大图谱，显示出他们之间的相似关系。这绝对是跨时代的工作，但对于市场来说无异于一场赌博，这就是 Garfield 的个性写真。

在 Small 与 Griuith1974 年共同发表的第二篇论文中，可以看到对不同研究前沿相似度的度量[17]。通过共被引分析构建的研究前沿及其核心论文，是建立在这些论文本身的相似度基础上的。同样，用这种方法形成的不同研究前沿之间的相似度也是可以描述的，从而发现那些彼此联系紧密的研究前沿。在他们的研究前沿图谱中，Smal 与 Griuith 通过不同角度剖析、缩放数据以期接近这两个维度的研究方向。

对 Small 与 Griuith 的工作，尤其是从以上两个维度解析通过共被引分析聚类论文图谱的工作，Price 认为"看上去这是非常深奥的工作，也是革命性的突破"。他强调："他们的发现似乎预示着科学研究存在内在的结构与秩序，需要我们进一步去发现、辨识、诊断。我们惯常用分类、主题词的方式去描述它，看上去与它自然内在的结构是背道而驰的。如果我们真想发现科学研究结构的话，无疑需要分析海量的科学论文，生成巨型地图。这个过程是动态的，不断随着时间而变化，这使得我们在第一时间就能捕捉到它的进展与特性。"[8]

在出版了另一本书和一系列综述性期刊之后[20,21]，《ISI 科学地图》（*ISI Altas of Science*）作为系列出版物终止于 20 世纪 80 年代。这是出于商业考虑，那时还有更优先的事情需要做。但是 Garfield 与 Small 继续执着地行走在科学图谱这条道路上，他们几十年来做了各种研究与实验。1985 年，Small 发表了两篇论文介绍他关于研究前沿定义方法的重要修正：分数共被引聚类法（Fractional co-citation clustering）[22]。

根据引用论文的参考文献的多少，通过计算分数被引频次调整领域内平均引用率差异，藉此消除整体计数给高引用领域（如生物医药领域）带来的系统偏差。随着方法的改进，数学显得愈发重要，而在整数计数时代，数学曾被忽视。他还提出基于相似度可以将不同研究前沿聚类，这超越了单个研究前沿聚组的工作[23]。同年，Garfield 与 Small 发表了《The geography of science：disciplinary and national mappings》，阐述了他们研究的新进展。该论文汇集了 Science Citation Index 与 Social Sciences Citation Index 数据，勾勒出全球该领域的研究状况，从全球的整体图出发，他们还进一步探索了更小分割单位的研究图谱[24]。这些宏—聚类间的关系与具体研究内容同样重要。这些关联如同丝线，织出了科学之网。

接下来的几年里，Garfield 致力于发展他的科学历史图谱，并在 Alexander I. Pudovkin 与 Vladimir S. Istomin 的协助下，开发了 HistCite 这一软件工具。HistCite 不仅能够基于引用关系自动生成一组论文的历史图谱，提供某一特定研究领域论文发展演化的缩略图，还可以帮助识别相关论文，这些相关论文有可能在最初检索时没有被检索到，或者没有被识别出来。因此，HistCite 不仅是一个科学历史图谱的分析软件，也是帮助论文检索的工具[25,26]。

Small 继续完善着他的共被引分析聚类方法，并且试图基于某个学科领域前沿之间呈示的认知关系图谱探索更多的细节内容[27,28]。背后的驱动力是对科学统一性的强烈兴趣。为了显示这种统一性，Small 展示了通过强大的共被引关系，如何从一个研究主题漫游到另一个主题，并且跨越了学科界限，甚至从经济学跨越到天体物理学[29,30]。对此 Small 与 E. O. Wilson 有类似的看法，后者在 1998 年出版的《知识大融通》（*Consilience：The Unity of Knowledge*）一书中表达了类似的思想[31]。20 世纪 90 年代早期，Small 发展了 Sci-Map，这是一个基于个人电脑的论文互动图形系统[32]。后来的数年中，他将研究前沿的研究数据放到了 Essential Science Indicators（ESI）数据库中。

Essential Science Indicators（ESI）主要用来做研究绩效分析。ESI 中的研究前沿，以及有关排名的数据每两个月更新一次。这时候，Small 对虚拟现实软件产生了极大的兴趣，因为这类软件可以产生模拟真实情况的三维虚拟图形，可以实时处理海量数据[33,34]。

例如，20 世纪 90 年代末期，Small 领导了一个科学论文虚拟图形项目，在桑迪亚国家实验室成功开发了共被引分析虚拟现实软件 VxInsight[35,36]。

由于桑迪亚国家实验室高级研究经理 Charles E. Meyers 富有远见的支持，在动态实时图形化学术论文领域，该研究无疑迈出了巨大的一步，这也是一个未来发展迅速的领域。该软件可以将论文的密度及显著特征用山形描绘出来。可以放大、缩小图形的比例尺，允许用户通过这样的比例尺缩放游走在不同层级学科领域。基础数据的查询结果被突出显示，一目了然。

事实上，20 世纪 90 年代末期对于科学图谱研究来说是一个转折点，之后，有关如何界定研究领域，以及领域间关系的可视化研究都得到了迅猛发展。全球现在有很多学术中心致力于科学图谱的研究，他们使用的方法与工具不尽相同。印第安纳大学的 Katy Borner 教授在其 2010 年出版图书 *Atlas of Science：Visualizing What We Know* 中对该领域过去 10 年取得的进展做了总结，当然这本书的名字听上去似曾相识[37]。

从共被引聚类生成科学图谱诞生，到今天这个领域如此繁荣，大约经历了 25 年的时间。很有意思的是，引文思想从产生到 Science Citation Index 的商业成功也大约经历了 25 年。当我们回顾这个进程时，清楚地看到相对于它们所处的时代来说两者都有些超前。如果说 Science Citation Index 面临的挑战来自图书馆界根深蒂固的传统思想与模式（进一步说就是来自研究人员检索论文的习惯性行为），那么，科学图谱，作为一个全新的领域，之所以迟迟未被采纳，其原因应归结为在当时的条件下，缺乏获取研究所需的大量数据的渠道，并受到落后的数据存储、运算、分析技术的限制。直到 20 世纪 90 年代，这些问题才得到根本解决。目前正以前所未有的速度为分析工作提供海量的分析数据，个人计算机与软件的发展也使个人计算机可以胜任这些分析工作。今天，我们利用 Web of Science 进行信息检索、结果分析、研究前沿分析、图谱生成，以及科学活动分析，它不仅拥有了用户，还拥有了忠诚的拥趸与宣传者。

Garfield 与 Small 辛勤播种，很多年后这些种子得以生根、发芽，在很多领域迸发出勃勃生机。有人这样定义什么是了不起的人生——"在人生随后的岁月中，将年轻时萌发的梦想变成现实"。从这个角度说，他们两人不仅开创了信息科学的先锋领域，而且成就了他们富有传奇的人生。科睿唯安将继续支持并推进这个传奇的持续发展。

参考文献

[1] Eugene Garfield. Citation indexes for science: a new dimension in documentation through association of ideas[J]. *Science*,1995,122(3159):108-111.

[2] Eugene Garfield. Citation Indexing: its Theory and Application in Science, Technology,and Humanities[M]. NewYork:John Wiley & Sons,1979.

[3] Genetics Citation Index. Philadelphia:Institute for Scientific Information,1963.

[4] Eugene Garfield. Citation indexes in sociological and historicresearch[J]. *American Documentation*,1963. 14(4):289-291.

[5] Eugene Garfield,Irving H. Sher,Richard J. Torpie. The Use of Citation Data in Writing the History of Science [M]. Philadelphia: Institute For Scientific Information,1964.

[6] Derek J. de Solla Price. Science Since Babylon[M]. New Haven:Yale University Press,1961. (See also the enlarged edition of 1975)

[7] Derek J. de Solla Price. Little Science,Big Science[M]. NewYork:Columbia University Press,1963.

[8] Derek J. de Solla Price. Foreword in Eugene Garfield,Essays of an Information Scientist, Volume 3, 1977 - 1978 [M]. Philadelphia: Institute For Scientific Information,1979.

[9] Derek J. de Solla Price. Networks of scientific papers:the pattern of bibliographic references indicates the nature of thescientific research front [J]. *Science*, 1965, 149 (3683):510-515.

[10] Henry Small. Co-citation in scientific literature:anewmeasure of the relationship between two documents[J]. *Journal of the American Society for Information Science*, 1973,24(4):265-269.

[11] Irena V. Marshakova-Shaikevich. System of documentconnections based on references [J]. *Nauchno Tekhnicheskaya*,*Informatsiza Seriya* 2,SSR,[Scientific and Technical Information Serial of VINITI],1973,6:3-8.

[12] Robert K. Merton. Singletons and multiples in scientific discovery:a chapter in the sociology of science[J]. *Proceedings of the American Philosophical Society*,1961,105 (5):470-486.

[13] Robert K. Merton. Resistance to the systematic study of multiple discoveries in science[J]. *Archives Européennes de Sociologie*,1963,4(2):237-282.

[14] Myer M. Kessler. Bibliographic coupling between scientific papers[J]. *American Documentation*,1963,14(1):10-25.

[15] Henry Small. Cogitations on co-citations[J]. *Current Contents*,1992,10:20.

[16] Henry Small,Belver C. Griffth. The structure of scientificliteratures i:Identifying and graphing specialties[J]. *Science Studies*,1974,4(1):17-40.

[17] Belver C. Griffith,Henry G. Small,Judith A. stonehill,sandra Dey. The structure of scientific literatures II:Toward amacro-and microstructure for science[J]. *Science Studies*,1974,4(4):339-365.

[18] Eugene Garfield. Introducing the ISI Atlas of Science:Biochemistry and Molecular Biology,1978/80[J]. *Current Contents*,1981,42:5-13.

[19] ISI Atlas of Science:Biochemistry and Molecular Biology,1978/80[M]. Philadelphia:Institute for Scientific Information,1981.

[20] ISI Atlas of Science:Biotechnology and Molecular Genetics,1981/82[M]. Philadelphia:Institute for Scientific Information,1984.

[21] Eugene Garfield. Launching the ISI Atlas of Science:for the new year,a new generation of reviews[J]. *Current Contents*,1987,1:3-8.

[22] Henry Small,ED Sweeney. Clustering the Science Citation Index using co-citations. I. A comparison of methods[J]. *Scientometrics*,1985,7(3-6):391-409.

[23] Henry Small,ED Sweeney,Edward Greenlee. Clusteringthe Science Citation Index using co-citations. II. Mappingscience[J]. *Scientometrics*,1985,8(5-6):321-340.

[24] Henry Small,Eugene Garfield. The geography of science:disciplinary and national mappings[J]. *Journal of Information Science*,1985,11(4):147-159.

[25] Eugene Garfield,Alexander I. Pudovkin,Vladimir S. Istomin. Why do we need algorithmic historiography? [J]. *Journal of the American Society for Information Science and Technology*,2003,54(5):400-412.

[26] Eugene Garfield. Historiographic mapping of knowledge domains literature[J]. *Journal of Information Science*,2004,30(2):119-145.

[27] Henry Small. The synthesis of specialty narratives from co-citation clusters[J]. *Journal of the American Society forInformation Science*,1986,37(3):97-110.

[28] Henry Small. Macro-level changes in the structure of cocitation clusters:1983-1989

[J]. *Scientometrics*,1993,26(1):5-20.

[29] Henry Small. A passage through science:crossingdisciplinary boundaries[J]. *Library Trends*,1999,48(1):72-108.

[30] Henry Small. Charting pathways through science:exploring Garfield's vision of a unified index to science[M]//Blaise Cronin,Helen Barsky Atkins. The Web of Knowledge:A Festschrift in Honor of Eugene Garfield,Medford,NJ:American Society for Information Science,2000,449-473.

[31] Edward O. Wilson. Consilience:The Unity of Knowledge[M]. New York:Alfred A. Knopf,1998.

[32] Henry small. A Sci-MAP case study:building a map of AIDs Research[J]. *Scientometrics*,1994,30(1):229-241.

[33] Henry Small. Update on science mapping:creating largedocument spaces[J]. *Scientometrics*,1997,38(2):275-293.

[34] Henry Small. Visualizing science by citation mapping[J]. *Journal of the American Society for Information Science*,1999,50(9):799-813.

[35] George S. Davidson,Bruce Hendrickson,David K. Johnson,Charles E. Meyers,Brian N. Wylie. Knowledgemining with Vxinsight®:discovery through interaction[J]. *Journal of Intelligent Information Systems*,1998,11(3):259-285.

[36] Kevin W. Boyack,Brian N. Wylie,George S. Davidson. Domain visualization using Vxinsight for science and technology Management[J]. *Journal of the American Society for Information Science and Technology*,2002,53(9):764-774.

[37] Katy Börner. Atlas of Science:Visualizing What We Know[M]. Cambridge,MA:MIT Press,2010.